近接場ナノフォトニクス入門

東京工業大学教授 大津元一 編
大阪大学教授 河田 聡

オプトロニクス社

近接場ナノフォトニクス入門
刊行にあたって

　「近接場光を取り扱い，それを応用する分野」であるナノフォトニクス（Nano-photonics）の歴史と現状を広く解説した「近接場ナノフォトニクスハンドブック」を刊行して，すでにほぼ3年が経過した。上記の書は近接場光を扱うハンドブックとしては世界初，もちろん日本初であったため，多くの方々が興味を持ってくださった。3年前の状況と比較すると，この分野は単に計測，分析だけの技術としてだけではなく，加工，原子操作などの分野が急速に発展し，理論についても新しい展開が見られた。特に，加工の一例と考えられる光メモリの超高密度化への応用は　2010年の社会からの要求に応えるための必須技術と見なされ，産業界でも急ぎ研究開発が始められている。このような現状では近接場光についての理解がますます必要とされ，上記の書のまえがきで指摘した疑問点，すなわち
　　① 近接場光の理論解析はどのようにすればよいか？
　　② プローブはどのように作り，使えばよいか？
　　③ プローブ以外に必要な部品は何か？
　　④ 顕微鏡としての使い方は？　その性能の限界は？
　　⑤ どんな応用が可能か？
　　⑥ 産業としての有望性は？
などについて，さらに多くの方々に答えなくてはならなくなった。

　以上の経緯から，本書「近接場ナノフォトニクス入門」を刊行することにした。多くの方々に利用していただくために敢えて廉価版とするため，上記の書のうちの応用編を参考文献集とした。しかし，基礎編，理論編，要素技術編の内容は上記の書と同一であるので，これだけは是非理解していただきたいという内容が一層明確に示されたと考えている。

　半導体レーザ，光ファイバなどの技術に関し，日本が世界をリードしてきたことは周知の事実であるが，残念ながらそれらの原理は欧米発である。それに対し，近接場光関連技術では原理，要素技術，システム，応用，さらに理論に至るまで日本がバランスよくリードを保っている数少ない例である。しかし，これらのリードがいつまで続くかは予断を許さない。今後も日本がリードを続け，新規技術をさらに産み出し，光の時代といわれる21世紀に向かって，基幹産業を活性化するための旗手として近接場光技術が成長するために，本書が一助となることを祈念する。

　廉価版の刊行にご協力いただいた，執筆者諸氏，さらに刊行のための諸事を遂行してくださったオプトロニクス社出版部の皆様に感謝致します。

　　　　　　　　　　　　　　　　　　　　　　2000年2月　　横浜にて　　大津　元一
　　　　　　　　　　　　　　　　　　　　　　　　　　　　　大阪にて　　河田　聡

編者・執筆者一覧

(敬称略，50音順，所属は「近接場ナノフォトニクスハンドブック」執筆当時)

【編　者】

大津　元一	東京工業大学 総合理工学研究科 電子システム専攻
河田　　聡	大阪大学 大学院工学研究科 応用物理学専攻

【執筆者】

伊藤　治彦	財団法人神奈川科学技術アカデミー 大津「フォトン制御」プロジェクト
井上　康志	大阪大学 大学院工学研究科 応用物理学専攻
入江　正浩	九州大学 大学院工学研究科 物質科学工学専攻
梅田　倫弘	東京農工大学 大学院工学研究科
太田　里子	東京大学 大学院総合文化研究科 生命環境専攻
大津　元一	東京工業大学 総合理工学研究科 電子システム専攻
岡本　隆之	理化学研究所 光工学研究室
押鐘　　寧	大阪大学 大学院工学研究科 精密科学専攻
梶川浩太郎	名古屋大学 大学院理学研究科 物質理学専攻
片岡　俊彦	大阪大学 大学院工学研究科 精密科学専攻
河田　　聡	大阪大学 大学院工学研究科 応用物理学専攻
木口　雅史	株式会社日立製作所 基礎研究所
北野　正雄	京都大学 大学院工学科研究科 電子通信工学専攻
楠見　明弘	名古屋大学 大学院理学研究科 生命理学専攻
栗原　一嘉	財団法人神奈川科学技術アカデミー 大津「フォトン制御」プロジェクト
桑野　博喜	日本電信電話株式会社 入出力システム研究所
小灘　　毅	オリンパス光学工業株式会社 ARC第3研究室
小林　　潔	日本アイビーエム株式会社 大和事業所 APTO
斎木　敏治	財団法人神奈川科学技術アカデミー 大津「フォトン制御」プロジェクト
佐々木靖夫	オリンパス光学工業株式会社 ARC第3研究室
新谷　俊通	株式会社日立製作所 中央研究所
菅原　康弘	大阪大学 大学院工学研究科 電子工学専攻
高橋　信行	滋賀県立大学 国際教育センター
瀧口　義浩	浜松ホトニクス株式会社 中央研究所
田所　利康	日本分光株式会社 第一技術部

田中 百合子	日本電信電話株式会社 入出力システム研究所
千葉 徳男	セイコーインスツルメンツ株式会社 技術総括部
中島 邦雄	セイコーインスツルメンツ株式会社 技術総括部
中村 收	大阪大学 大学院工学研究科 応用物理学専攻
納谷 昌之	富士写真フィルム株式会社 宮台技術開発センター
原田 慶恵	科学技術振興事業団 柳田生体運動子プロジェクト
坂野 斎	山梨大学 工学部電子情報工学科
福澤 健二	日本電信電話株式会社 入出力システム研究所
裵 鐘石	東北大学 電気通信研究所
保坂 純男	株式会社日立製作所 基礎研究所
堀 裕和	山梨大学 工学部電子情報工学科
本間 克則	セイコーインスツルメンツ株式会社 技術総括部
水野 皓司	東北大学 電気通信研究所
村下 達	日本電信電話株式会社 システムエレクトロニクス研究所
村松 宏	セイコーインスツルメンツ株式会社 技術総括部
光岡 靖幸	セイコーインスツルメンツ株式会社 技術総括部
物部 秀二	財団法人神奈川科学技術アカデミー 大津「フォトン制御」プロジェクト
柳田 敏雄	大阪大学 基礎工学部生物工学科
柳 裕之	株式会社トクヤマ 基礎研究センター
山本 典孝	セイコーインスツルメンツ株式会社 技術総括部

目 次

═══ 第I部 基礎編 ═══

■歴史・原理
(河田 聡)

1. はじめに ･････････････････････････3
   1.1 概要 ････････････････････････3
   1.2 近接場光学理論 ･･････････････3
   1.3 顕微鏡の開発 ････････････････5
   1.4 近接場光学の応用 ････････････6
2. 原理 ････････････････････････････7
   2.1 ニアフィールドとエバネッセント波 ―波長を超える波― ･･････････････7
   2.2 微小開口のスカラー回折理論 ･･8
   2.3 Betheの微小開口による回折理論 ･･9
   2.4 ニアフィールド光学顕微鏡の結像原理 ･････11

■可能な応用範囲
(大津 元一)

1. 材料工学 ･･････････････････････15
2. 光エレクトロニクス ････････････17
3. バイオテクノロジー，生物学，化学 ･････17
4. 顕微鏡技術 ････････････････････17

■可能性とニーズの調査結果
(木口 雅史)

･･････････････････････････････････19

═══ 第II部 理論編 ═══

■現状の理論の概要と問題点（1） 近接場ナノフォトニクスの理論的背景
(堀 裕和)

1. はじめに ･･････････････････････23
2. 光近接場と物質系の相互作用 ････24
3. 近接場光学顕微鏡の一般的性質 ･･25
   3.1 走査プローブ顕微鏡としての基本的性質 ･････25
4. エバネッセント波とアンギュラースペクトル展開 ･････25
   4.1 光の全反射とエバネッセント波 ･････26
   4.2 エバネッセント波と波数スペクトル ･････26
   4.3 光近接場とアンギュラースペクトル展開 ･････27
   4.4 スカラー散乱場のアンギュラースペクトル表示 ･････27
   4.5 場の局所性と波数スペクトル ･････28
5. まとめ ････････････････････････28

■現状の理論の概要と問題点（2） 古典電磁気学的取り扱い
(高橋 信行)

1. ファイバプローブの電磁気学 ････30
2. ベクトル波動関数 ･･････････････30
3. 円筒電磁波 ････････････････････31
4. 光ファイバの電磁界モード ･･････32
   4.1 導波電磁界モード ･･････････32
   4.2 導波電磁界モード展開 ･･････33
5. ファイバプローブにおける導波モードの励起 34
6. 問題点 ････････････････････････35

■現状の理論の概要と問題点（3） コンピュータによる近接電磁場の計算
(河田 聡，井上 康志)

･･････････････････････････････････37

■現状の理論の概要と問題点（4） 散乱問題と自己無撞着法による取り扱い
(小林 潔)

1. はじめに ･･････････････････････41
2. 基礎方程式 ････････････････････41
3. プロパゲーター法 ･･････････････42
4. 近接場光学顕微鏡（NOM）への応用と計算例 ･･43
   4.1 入射偏光依存性 ････････････44
   4.2 プローブのテイパー角及び等価的NA依存性 45
5. まとめ ････････････････････････46

■現状の理論の概要と問題点（5） 双対的Ampereの法則とNOM像

(iv)

(坂野 斎，堀 裕和)
1. はじめに ………………………………48
2. 近接場の簡単な描像 …………………48
　2.1 波数ベクトル非依存の描像 ………48
　2.2 双対的Ampereの法則 ……………48
3. 場の強度の表式 ………………………50
　3.1 遠隔場測定，近接場測定の場の強度 ……50
　3.2 NOMの信号強度 …………………50
4. NOMへの応用 ………………………51
　4.1 近接場とNOMの信号強度の関係 ……51
　4.2 NOMがうまくはたらく理由 ………52
5. まとめ …………………………………52

第III部 要素技術編

■プローブ（1） 概要・ファイバプローブ
　　　　　　　　（大津 元一，物部 秀二）
1. 概要 ……………………………………55
2. ファイバプローブ ……………………56
　2.1 高分解能用 …………………………58
　　（1）小クラッド径型 ………………58
　　（2）ペンシル型 ……………………58
　2.2 高感度用 ……………………………58
　　（1）二重先鋭型 ……………………59
　　（2）軸非対称型 ……………………59
　2.3 高分解能かつ高感度用（および紫外用）……59
　2.4 機能付加用 …………………………59

■プローブ（2） 金属プローブなど
　　　　　　　　　　　　（井上 康志）
1. 散乱型プローブの原理 ………………61
2. 散乱型プローブの特徴 ………………61
3. 金属プローブを用いたニアフィールド光学顕微鏡 62
　3.1 金属プローブによる電場増強効果 ………62
　3.2 STMによる位置制御 ………………63
　3.3 応用 …………………………………64
　　（1）生物 ……………………………64
　　（2）半導体 …………………………65
4. まとめ …………………………………65

■プローブ（3） 微小球プローブなど
　　　　　　　　（片岡 俊彦，押鐘 寧）
1. 微小突起をプローブとしたSNOM ……67
2. ポリスチレンラテックス球を用いたプローブ部の製作 ……68
3. プローブ部の光学的特性 ……………69
　3.1 検出光の偏光状態 …………………69
　3.2 試料やプローブの屈折率の影響 …70
4. PL球をプローブとしたSNOMの実際 …71
5. 微小球プローブの今後 ………………72

■プローブ（4） 原子間力顕微鏡プローブとの組合せ ファイバープローブ等
　　　　　（村松 宏，本間 克則，山本 典孝，
　　　　　 中島 邦雄，光岡 靖幸，千葉 徳男）
1. はじめに ………………………………74
2. ベントタイプ光ファイバープローブの作製法 ……75
3. プローブの動作特性 …………………77
4. プローブの評価 ………………………79

■プローブ（5） マイクロファブリケーション技術を用いた集積化プローブ
　　　　　　（福澤 健二，田中 百合子，桑野 博喜）
1. はじめに ………………………………81
2. 集積化マイクロプローブ：フォトカンチレバー ……81
3. フォトカンチレバーによる近接場光学原子力同時観測装置 ……83
4. おわりに ………………………………85

■プローブ（6） 原子間力顕微鏡カンチレバーとの関連等
　　　　　　　　（小灘 毅，佐々木 靖夫）
1. 総論 ……………………………………86
　1.1 カンチレバープローブの特色 ……86
　1.2 装着概要 ……………………………86
2. プローブについて ……………………87
　2.1 開口プローブ ………………………87
　　（1）特性 ……………………………87
　　（2）プローブ製作法 ………………87
　　（3）測定例 …………………………88
　2.2 散乱プローブ ………………………89

(1) 特性 ・・・・・・・・・・・・・・・・・・・89
　(2) 測定例 ・・・・・・・・・・・・・・・・・・91
■プローブ (7)　機能性プローブ
(栗原 一嘉, 大津 元一)
1. はじめに ・・・・・・・・・・・・・・・・・・・・92
2. どのような機能を示す材料を選択するか ・・・93
3. 材料をどのようにプローブ先端に固定化するか ・・94
4. 作成した機能性プローブの機能を十分な光信号
　 として検出できるか ・・・・・・・・・・・・・・94
5. 機能性プローブの今後の展開 ・・・・・・・・・96
■プローブ位置制御・走査技術
(中島 邦雄, 村松 宏, 本間 克則,
光岡 靖幸, 山本 典孝, 千葉 徳男)
1. はじめに ・・・・・・・・・・・・・・・・・・・・97
2. プローブの位置制御技術 ・・・・・・・・・・・・97
　2.1　STM制御 ・・・・・・・・・・・・・・・・・97
　2.2　エバネッセント光制御 ・・・・・・・・・・・98
　2.3　力制御（光検出） ・・・・・・・・・・・・・98
　　(1) シェアフォース制御 ・・・・・・・・・・・98
　　(2) AFM制御 ・・・・・・・・・・・・・・・・98
　2.4　力制御（圧電検出） ・・・・・・・・・・・100
3. 走査技術 ・・・・・・・・・・・・・・・・・・・100
　3.1　ピエゾスキャナー ・・・・・・・・・・・・100
　3.2　フィードバック回路 ・・・・・・・・・・・101
■他のプローブ，走査プローブ顕微鏡技術との対応・関連
(菅原 康弘)
1. 防振技術 ・・・・・・・・・・・・・・・・・・・102
2. 圧電素子の非線形性 ・・・・・・・・・・・・・104
　(1) ソフトウエアによる補正 ・・・・・・・・・104
　(2) ディジタル走査による補正 ・・・・・・・・104
　(3) 電荷制御による補正 ・・・・・・・・・・・105
3. 慣性駆動方式による移動機構 ・・・・・・・・・105
■画像処理技術
(梅田 倫弘)
1. NSOMと画像処理 ・・・・・・・・・・・・・・107
2. NSOMにおける画像処理 ・・・・・・・・・・・108
　2.1　画像歪み補正 ・・・・・・・・・・・・・・108
　　(1) 走査機構の非直線補正 ・・・・・・・・・108
　　(2) 傾き補正 ・・・・・・・・・・・・・・・109
　2.2　濃淡画像処理 ・・・・・・・・・・・・・・109
　　(1) 濃度変換 ・・・・・・・・・・・・・・・110
　　(2) 空間周波数フィルタリング ・・・・・・・110
3. NSOMのための画像処理ソフトウェアの実際 ・・112
　3.1　Image SXMの使い方 ・・・・・・・・・・・112
　3.2　Image SXMによる画像処理例 ・・・・・・・113
■像解釈へのアプローチ　マイクロ波によるシミュレーション
(北野 正雄)
1. はじめに ・・・・・・・・・・・・・・・・・・・114
2. 実験 ・・・・・・・・・・・・・・・・・・・・・114
　2.1　プリズム表面のエバネセント波の測定 ・・・115
　2.2　段状物体の近接場 ・・・・・・・・・・・・116
　2.3　パラフィンプローブによる近接場の検出 ・・117
3. おわりに ・・・・・・・・・・・・・・・・・・・117

≡第IV部　応用のための参考文献集≡

■凝縮系の分光計測 (1)　半導体試料測定の基本技術とその応用例
(斎木 敏治)
・・・・・・・・・・・・・・・・・・・・・・・・・121
■凝縮系の分光計測 (2)　ラマン分光システムの構築とそのポイント
(田所 利康)
・・・・・・・・・・・・・・・・・・・・・・・・・121
■凝縮系の分光計測 (3)　トンネル電子ルミネッセンスによる半導体量子構造の実空間特性評価
(村下 達)
・・・・・・・・・・・・・・・・・・・・・・・・・122
■凝縮系の分光計測 (4)　量子光学と近接場
(瀧口 義浩)
・・・・・・・・・・・・・・・・・・・・・・・・・122
■赤外顕微分光への適用
(河田 聡)
・・・・・・・・・・・・・・・・・・・・・・・・・122

■生体試料への適用（1）　近接場光学顕微鏡（NOM）による極微小生体サンプルの観測
　　　　　　　　　　　　　　（納谷 昌之）
　　　　　　　　・・・・・・・・・・・・・・・・122

■生体試料への適用（2）　近接場蛍光顕微鏡によるアクチン細胞骨格の水溶液中観察
　　　　　　　　　　　（楠見 明弘，太田 里子）
　　　　　　　　・・・・・・・・・・・・・・・・123

■生体試料への適用（3）　生体分子における1分子イメージング・操作
　　　　　　　　　　　（原田慶恵，柳田敏雄）
　　　　　　　　・・・・・・・・・・・・・・・・123

■ハロゲン化銀結晶上の色素分布の観測
　　　　　　　　　　　　　　（納谷 昌之）
　　　　　　　　・・・・・・・・・・・・・・・・123

■有機材料への適用
　　　　　　　　　　（木口 雅史，梶川 浩太郎）
　　　　　　　　・・・・・・・・・・・・・・・・124

■光記録・加工（1）　金属プローブ
　　　　　　　　　　　　　　（井上 康志）
　　　　　　　　・・・・・・・・・・・・・・・・125

■光記録・加工（2）　近接場光ストレージ技術
　　　　　　　　　　　（新谷 俊通，保坂 純男）
　　　　　　　　・・・・・・・・・・・・・・・・125

■光記録・加工（3）　近接場露光
　　　　　　　　（中島 邦雄，村松 宏，光岡 靖幸，
　　　　　　　　本間 克則，山本 典孝，千葉 徳男）
　　　　　　　　・・・・・・・・・・・・・・・・125

■有機光記録材料
　　　　　　　　　　　（入江 正浩，柳 裕之）
　　　　　　　　・・・・・・・・・・・・・・・・126

■表面プラズモンとの接点（1）　表面プラズモンを利用する近接場光学顕微鏡
　　　　　　　　　　　　　　（中村 收）
　　　　　　　　・・・・・・・・・・・・・・・・126

■表面プラズモンとの接点（2）　微小金属球を用いた近接場顕微鏡
　　　　　　　　　　　　　　（岡本隆之）
　　　　　　　　・・・・・・・・・・・・・・・・128

■表面プラズモンとの接点（3）　近接場光学顕微鏡と表面プラズモン顕微鏡の両立
　　　　　　　　　　　　　　（梶川 浩太郎）
　　　　　　　　・・・・・・・・・・・・・・・・128

■電子ビーム工学への応用
　　　　　　　　　　（裵 鐘石・水野 皓司）
　　　　　　　　・・・・・・・・・・・・・・・・129

■力学的作用の応用（1）　概説および誘電体
　　　　　　　　　　　　　　（河田 聡）
　　　　　　　　・・・・・・・・・・・・・・・・129

■力学的作用の応用（2）　表　面
　　　　　　　　　　　　　　（菅原 康弘）
　　　　　　　　・・・・・・・・・・・・・・・・130

■力学的作用の応用（3）　原　子
　　　　　　　　　　　（大津 元一，伊藤 治彦）
　　　　　　　　・・・・・・・・・・・・・・・・130

■索引
　　　　　　　　・・・・・・・・・・・・・・・・131

第Ⅰ部

基 礎 編

歴史・原理

1. はじめに

1.1 概要

　ニアフィールド光学顕微鏡（略してアメリカではNSOM，ヨーロッパではSNOMと呼ばれる）とその関連の近接場フォトニクスの研究は，1990年代後半に入って爆発的に広がりつつある。原理は古く1928年に既にSyngeによって提案され[1]，また，実験的にも1972年にAsh and Nichollsのマイクロ波を使って検証がなされており[2]，歴史のある研究分野と言うこともできるが，80年代中頃からの複数のグループによる独立な研究を経て[3]，1988年の走査型顕微鏡の国際会議あたりをきっかけに，広く認知されるところとなった[4]。これには，1982年のBinningとRohrerの走査トンネル顕微鏡(STM)の発明が，大きな刺激となっていると思われる。当初は，スイス，ドイツ，フランス，オランダ等のヨーロッパにおける萌芽的な基礎的・原理的研究が中心であり，1992年の最初の国際会議も，ヨーロッパ勢を中心に開催された。アメリカにおいては，コーネル大学から研究がはじまったが，その後，AT&Tベル研を中心として，光メモリ，単一蛍光分子観察，半導体量子ドットの観察などの応用研究が進んだ。第2回のニアフィールド光学国際会議は，1993年アメリカで開催された。第3回は再びヨーロッパに戻りチェコ共和国で1995年に開かれ，第4回はイスラエルにて1997年に開催された。第5回は初めて日本にて開催されることになっている。アジアでは，韓国，台湾などにおいて，アメリカからの帰国者らを中心に精力的な研究がはじめられ，1996年には，韓国にて環太平洋近接場会議が開かれた。**表1**に，研究集会の歴史的経緯を示す。

　技術的には，**表2**に示すように，90年代後半における各種の最先端技術と相乗的に，ニアフィールド光学顕微鏡は確立しつつあり，また，**表3**に示すような，21世紀に向けたナノスケールを扱う先端科学・先端技術への応用が大きく期待されている。従来のレンズを用いた古典的な光学顕微鏡や他の走査プローブ顕微鏡と異なり，虚数の運動量成分を持つエバネッセントフォトンを介してのプローブと試料の相互作用という独自の原理からなっており，とくに近距離の電磁相互作用という新しい電磁波理論の基礎研究テーマとしても注目を集めている。

1.2 近接場光学理論

　近接場光学の理論は，1944年のBetheによる微

第 I 部　基礎編

表1　研究集会の歴史的経緯

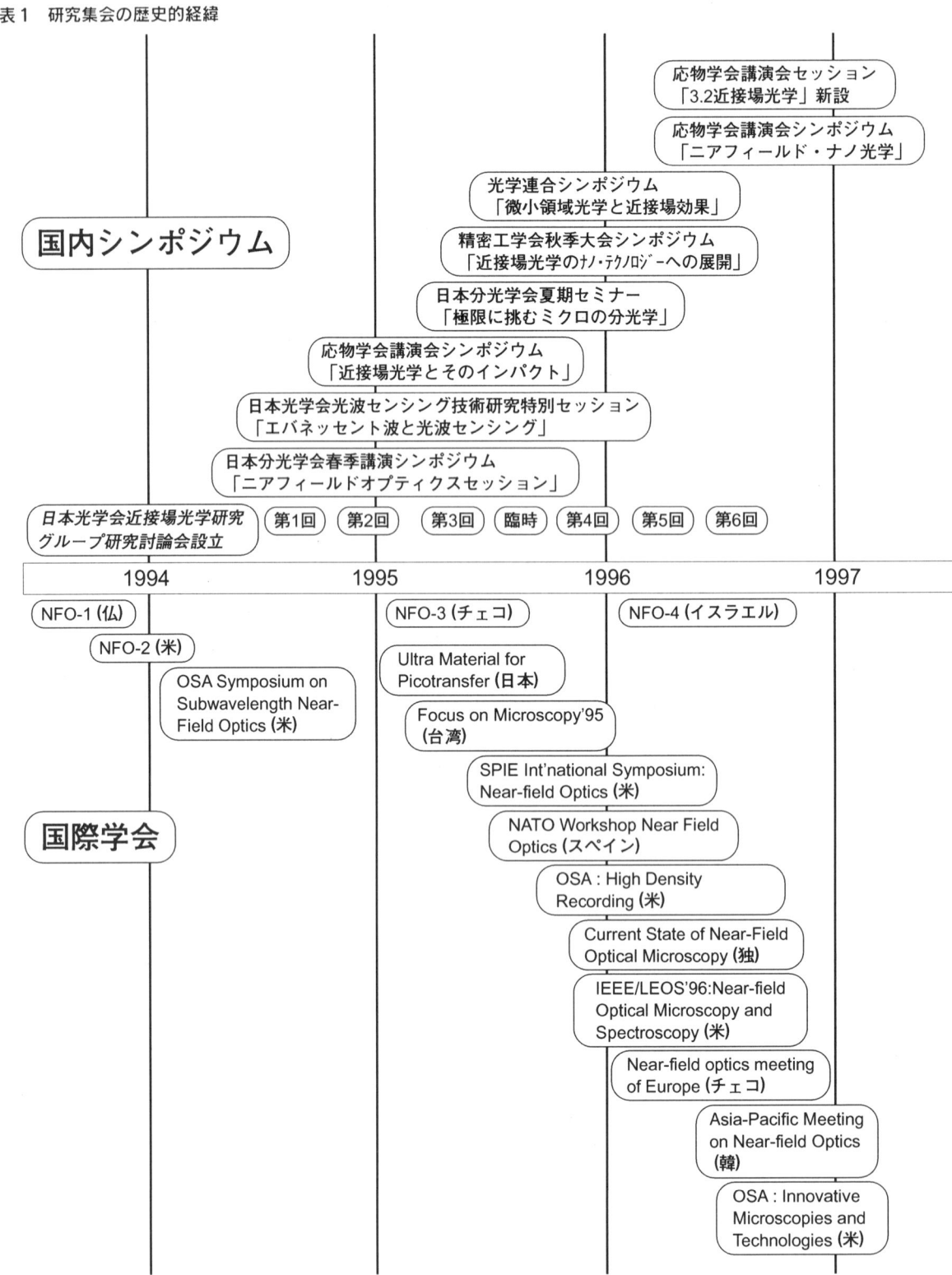

表2 ニアフィールド光学顕微鏡の発展の歴史

1928：Synge } 原理提案 1956：O'keefe 1944-Bethe - ニアフィールド理論 1972：Ashら - マイクロ波による最初の実験 1986：Pohl - 世界初のNSOM試作 1988：河田 - 赤外NSOM 1989：大津・Reddick・Courjon - 光STM 大津 - 化学エッチングを用いたプローブ作成 1991-Girard - NSOM双極子モデル解析	梅田 - ウイナー縞NSOM Betzig - 100nmの超解像磁気メモリー 堀 - フォトン・トンネリング理論 van Hulst・藤平 - AFM-NSOM 河田 - 金属プローブSTM-NSOM Betzig - Shear force NSOM Pohl・河田 - 電磁理論解析 荒川・大津 - 量子ドット観察	ニアフィールドのマイクロスコピー 大津 - 光機能性スーパーチップ Wickramasinghe - 2nmの 分解能実現	
1988　1990　1992　1993　1994　1995　1996			
1982：Cook - 原子ミラー 1987：Ashkin - 単一ビームによる3次元レーザトラップ 1991：柳田 - アクトマイオシンによるサブピコNの力検出 河田 - エバネッセント場による粒子の駆動	ニアフィールドのフォトン力学 柳田 - 水中での分子モーターの蛍光観察 河田 - 光導波路モーター 堀・大津 - 原子誘導 河田 - レーザ・トラッピングNSOM		
1988　1990　1992　1993　1994　1995　1996			
1988：岡崎 - 蛍光 1988：Knoll - 表面プラズモン 1991：Lewis - 分子エキシトン van Hulst - 染色体の蛍光観察	Betzig - 世界初の単分子蛍光観察 入江 - 超高密度フォトクロミック光メモリー 保坂 - 超高密度光メモリー 藤平 - NSOMによる蛍光寿命測定・LB膜エネルギー移動 中村 - 表面プラズモン2光子蛍光	ニアフィールドの化学	

表3 ニアフィールド工学の応用

学術（光学）
- 波長を超えた光学・光計測
- 物質系との相互作用を用いたナノ領域での光学理論

自然科学
- 生体蛋白分子の機能解明
- マクロな化学から、分子1つずつを扱う化学へ

社会（産業・技術）
- リソグラフィー・光メモリの超高密度化
- 量子デバイスの評価・開発

小開口の回折場解析に始まる[5]。その後も，Betheの回折理論の拡張が行われてきたが，プローブと試料間の多重散乱を考慮した解析は行われてこなかった。近接場光学の物理の根幹をなす多体効果を取り入れた光学理論は，1990年代に入り，フランスのGirardらによるセルフコンシステントなアプローチに端を発する[6]。彼らは，プローブ及び試料を構成する原子を双極子とみなし，それら双極子と電磁場との相互作用の解析を行った。その後，電磁界理論による数値解析が主流となり，PohlとNovotnyはMultiple Multipole法を用いて[7]，Christensenと古川，河田[8]はFinite-Difference Time-Domain法を用いて，ニアフィールド領域における場の局在や閉じ込め効果，さらにニアフィールド光学像のコントラストのメカニズムを明らかにしつつある。

1.3 顕微鏡の開発

ニアフィールド光学顕微鏡の歴史は，1928年のSynge[1]および1956年のO'keefe[9]による微小開

口を用いた手法の提案に始まる。この方式は現在のニアフィールド光学顕微鏡の原型を形成しているものの，技術的問題が多いことから当時は実現されなかった。微小開口を用いたニアフィールド光学顕微鏡の実現は，1972年にマイクロ波領域でAshら[2]が行い，波長の60分の1の分解能を達成した。可視光領域におけるニアフィールド光学顕微鏡は，1984年IBMチューリッヒのPohlらにより試作された。彼らは先端を研磨した石英柱の周りに金属をコーティングした上で，先端に微小開口を施したプローブを用いた[3]。また，ほぼ同時期にアメリカのIsaacsonのグループも同様のニアフィールド光学顕微鏡の提案を行った[10]。

別のアプローチとして，1963年，Lukosz[11]は，回折格子を利用したモアレ法により，一次元方向に2倍の分解能を向上させることを提案し，検証を行った。河田は，これをさらに発展させ，ニアフィールド領域内に，アキシコン回折格子を置くことにより，2次元の超解像性が得られることを理論的に示し，マイクロ波領域の実験により検証した[12～13]。

一方，Guerraは，1990年に，全反射法を利用した非走査型のフォトントンネル顕微鏡を提案，試作し，試料表面の凹凸をナノメトリックに観察することを可能にした[14]。この原理を発展させて，ゲルマニウムの半球プリズムを用いた走査型の赤外フォトントンネル顕微鏡[15]，および固体浸(Solid Immersion)レンズと名づけた近接場光メモリが発表された[16]。

現在は，光ファイバーを先鋭化し，その周りに金属をコーティングし，その先端に微小開口を施したプローブを用いたニアフィールド光学顕微鏡が主流となっている。大津は光ファイバーを化学エッチングで先鋭化し，先端直径3nm以下の微小プローブを，ほぼ100%の高い再現性で作製する技術を確立した。微小開口を用いない散乱型のニアフィールド光学顕微鏡では，Hulst[17]がAFMのカンチレバーを，井上[18]が金属探針およびレーザートラッピングされた微小誘電体球を，それぞれ発表している。

1.4 近接場光学の応用

また，ニアフィールド光学顕微鏡による蛍光試料の観察は比較的早い段階から行われている。LewisおよびKopelmanらは，マイクロピペット内に蛍光物質（アントラセン）を結晶成長させ，マイクロピペット内の微小領域内をエキシトンとしてフォトンエネルギーを伝搬させる方法を提案，試作した[19]。また，エキシトンを試料にトンネルさせるMolecular Exiton Microscopyも提唱している。1993年には，BetzigおよびChichesterが，ニアフィールド励起による単分子蛍光像の観察に初めて成功した。彼らは，各分子の蛍光像から，分子の配向状態が決定できることを示した[20]。さらに，本手法を用いて，Pacific Northwest LaboratoryのXieとDunnは光合成の機構解明を行っている[21]。また，1993年Betzigらは，微小開口型ファイバープローブを用いて，細胞骨格のアクチンの蛍光像を観察した[22]。

近接場光メモリは，1992年にBetzigらが，光ファイバープローブを用いて薄膜化した光磁気材料に～60nmのビットの書き込み，読み出しに成功した[23]。国内では，フォトクロミック有機材料を用いたフォトンモードニアフィールドメモリが，入江によって行われた[24]。また，保坂らは，相変化型の記録媒体を用いた近接場光メモリーの研究をすすめている[25]。Kinoの固体浸レンズも，それほど高い密度を実現することはできないものの，近接場メモリの一つである[16]。また，DVD等のコマーシャルベースの光メモリにおける現実的超解像法であるMSRやPSRなどの，非線形媒質による局所的な動的微小開口法も近接場光学を基礎としている[26]。

Betzigは，ナノメートル領域に形成された多量子井戸構造からの発光を分光分析し，構造解析の可能性を示した[27]。

1985年に，Wesselは，波長より小さい金属粒

子をプローブとして，その球表面に立つ，ローカルモードのプラズモンが発生するエバネッセントフォトンによって，表面増強したラマン分光や2次高調波のスペクトルから，ナノメートル領域での物性を調べる方法を提案し[28]，1988年にFischerとPohlは，実際に90nmのポリスチレン球に20nmの金をコートしたプローブ・チップを用いて，この方法の検証を行った[29]。

エバネッセントフォトンを用いたフォトン力学の研究に関しては，原子レベルでは1982年のCookらの原子ミラーや[30]，Mie粒子レベルでは1991-2年に河田らによる全反射プリズムや光導波路，金属薄膜上での微粒子や薄膜の駆動，浮上の電磁理論解析と実験がある[31～34]。大津・堀のグループは，微小開口チップ先端における単一原子捕捉および円筒状のエバネッセント場による原子誘導を行っている[35]。

エバネッセントフォトンを測定プローブに用いるセンサーとしては，古くから，アッベの屈折計が知られてきたが，1983年に，Nylanderが，高感度に屈折率を測定できる表面プラズモンセンサーを開発して，その注目度が著しく高まった[36]。1988年の，河田らによる表面プラズモンセンサーの小型化と実時間測定法の開発[37]，Pharmacia社による免疫反応物質を固定したセンサー面の開発により，その場測定が可能になり，現在では，免疫反応解析に欠かせないセンサーとなっている[38]。

また，ニアフィールド・ナノ光学の分析法としては1976年，藤平らはエバネッセントフォトンによる共鳴ラマン法を利用して電極―溶液界面に吸着した色素の吸着状態の電極電位依存性を研究した[39]。

2. 原理

2.1 ニアフィールドとエバネッセント波
―波長を超える波―

光学顕微鏡の空間分解能を上げるためには，ひたすら波長λを短くする他ない。光の波長λは光の進む速度vを光の振動数ωで割ることによって決まるので，波長λを短くするには，振動数ωを高めるか，光速vを遅くするしかない。振動数ωを高めることは，いわゆる短波長化の道であり，電子顕微鏡，X線顕微鏡，紫外線顕微鏡などがその答えである。これらの顕微鏡の欠点は，目視観察ができず，試料に対するダメージも大きいことである。

一方，振動数ωは固定して，光速vを遅くすることによって波長を短くすることも可能である。液浸対物レンズの利用である。対物レンズと試料の間に屈折率の高い液体で満たすとその間の光の進む速度vは真空中の光速cを液体の屈折率nで割ったもので与えられ，屈折率n＝1.5の油をこれに用いると，波長は1.5倍短くなり，空間分解は1.5倍向上する（図1）。

では，振動数ωを固定して屈折率もn＝1としておきながら，その波長λだけを短くする，あるいは光速vを遅くする方法はほかにはないだろうか？Maxwellの電磁波方程式の解として，そのような波は存在しうる。ただし，その波は入射面で進行方向と垂直な方向には指数関数的に減衰する。この不均質な波はエバネッセント波

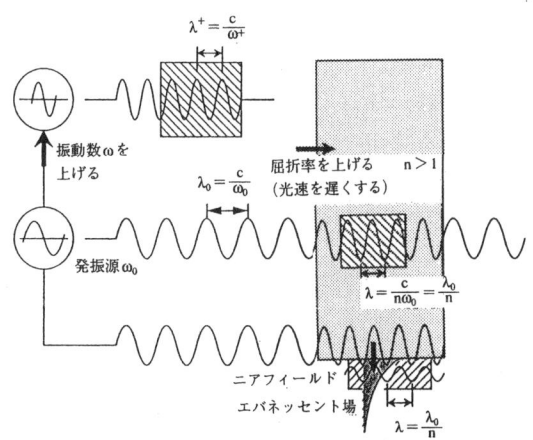

図1 光の波長を短くする方法は3通り。振動を高くするか，媒質の屈折率を上げるか，エバネッセント場にするか

と呼ばれ，境界面から波長より短い距離（ニアフィールド）に強く存在する（**図1**）。この，ニアフィールドでのエバネッセント波の波長がその媒質中の波長より短いことを利用したのが，ニアフィールド光学顕微鏡である。波長を超えた波はエバネッセント光学波であるので，エバネッセント波（場）顕微鏡とか，エバネッセント場を介して次の境界面から再び伝播光を取り出すことはトンネリング効果の一種であるので，フォトントンネリング顕微鏡とか，呼ばれることもある。

エバネッセント場は，微細回折格子，全反射プリズム，金属表面（表面プラズモンポラリトン），微小開口，微小散乱体などによって生成されるので，これらをプローブとした超解像近接場顕微鏡が，提案され試作されている[40]。ここでは，以下，微小開口によるエバネッセント場の発生と，微小散乱体の走査による近接場光学像の結像について述べることにする。

2.2 微小開口のスカラー回折理論

フーリエ光学によれば，開口は格子定数の異なる振幅回折格子の重ね合わせで表すことができる。図2に示すように，有限な拡がりをもつ開口は，有限関数のフーリエ変換の解析接続性

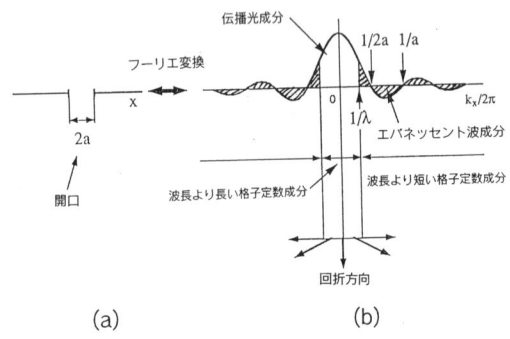

図2 微小開口による光の回折のスカラー理論による説明図
(a)有限開口
(b)有限開口の空間周波数成分（これは，Kirchhoffの境界条件に従えば，開口直後の光の複素振幅分布の角度スペクトルに一致する）

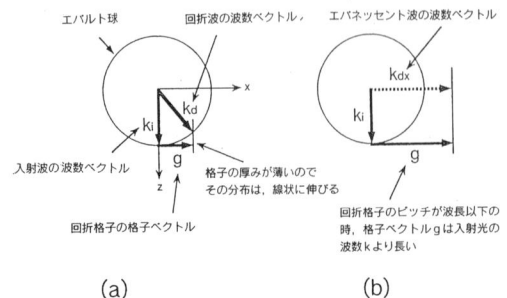

図3 エバルト球を用いた回折の表現
(a)通常の回折のモデル
(b)エバネッセント波ができるモデル

より，必ず波長より長い格子定数の格子から，波長より十分短い格子定数の格子にまで展開される[41]。このうち，波長より長い格子成分は，図3の回折条件を満足する方向に光を回折する。一方，波長より短い格子定数成分は，エバネッセント場を作る。

図2より，開口が小さくなるほど，エバネッセント波の占める割合が大きくなり，しかし一方いかに小さなピンホールでも，必ず伝播光成分を含むこともわかる。そして，エバネッセント波成分は波長を超える分解を与え，一方，伝播光成分は波長を超える分解を与えない。

このような微小開口に光を入射し，そのニアフィールドに試料を置くと，試料は開口によって回折されたエバネッセント波成分と伝播光成分によって照明される。物体の構造が波長より短い間隔を持つ格子の場合，エバネッセント波成分が物体構造と再結合して，伝播光に変換される（あるいは全反射の場合と同様に，フォトン・トンネリングされるといってもよい）。

図2(b)の回折波の角度スペクトルを光軸方向に伝播させると，開口から離れるにしたがって電場分布がどのように変化していくかがわかる。図4に，波長の10分の1の開口による回折波の強度（電場の2乗）分布及び角度パワースペクトル分布と，開口からの距離との関係を示す[41]（ただし，共に光軸(z)方向は対数スケール）。図4(a)より，開口から開口半径程度の距離のニ

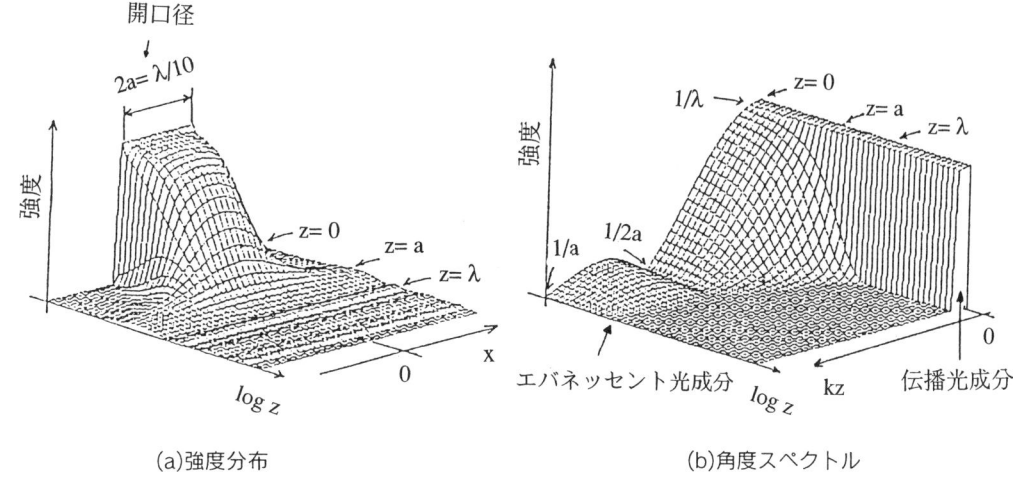

(a)強度分布 　　　　　(b)角度スペクトル

図4　微小開口からの回折波の強度分布と角度パワースペクトル分布

アフィールドまでは，開口と同程度のスポット径を保つことがわかり，**図4(b)**からは波長を超える波（すなわち波数k_xが$1/\lambda$より大きい成分）は，伝播できずにzが大きくなるにつれて減衰していくことがわかる。このことからも，波長より小さな径の微小開口を，観察したい試料から開口径より近い距離（ニアフィールド）においてx－y走査すると，波長を超える分解（開口径程度）で画像が得られることがわかる。

ただし，ファーフィールドには，もともと伝播光成分が含まれており，それと低周波構造との結合による回折成分も到達するので，これらをエバネッセント波と微細構造との結合による伝播光と分離してやる必要がある。幸い，エバネッセント場は開口から離れるにしたがって振幅が変化していくので，試料とピンホールの距離を時間的に変調させて，出力信号を変調に合わせてロックイン検出すると，エバネッセント場による回折成分のみを検出することが可能となる。

このような微小開口によるニアフィールド光学顕微鏡の原理は，1955年にO'Keefeが明確に提案している[42]。ただし，その説明には少し不鮮明なところがあり，エバネッセント場と微細構造との結合成分を直接検出するのではなく，エバネッセント波が微細な吸収物体によって吸収されるのを，他の次数の回折波におけるエネルギーの再分配則[43,44]から，元々の伝播光成分強度の減衰として検出する，としているようである。

2.3　Betheの微小開口による回折理論

先に述べたスカラー光学理論では，角度スペクトル（あるいはフーリエ光学）の考え方を用いることによって，エバネッセント波成分の存在を考慮に入れることより，Kirchhoffの回折理論より厳密に回折場を取り扱うことができた。

Kirchhoffの回折理論より，厳密な微小開口理論としては，このほかに，電磁気学的に微小開口からの電磁波の回折，放射を取り扱ったBetheの理論[45]がある。Betheの理論では，Kirchhoffの回折理論の2つの近似による仮定，すなわち，

①伝導スクリーン上では電場とその法線方向への微係数が0であるとすること

②開口内での光の振幅分布は，開口が存在しないときの入射波の分布と変わらないとすること

以上を排除することによって，波長より十分小さい開口による回折場を取り扱った①については，ベクトル光学的に考えると，回折によってスクリーンに垂直な電場成分が発生するとしたら，それは電場が0という境界条件を満足しない

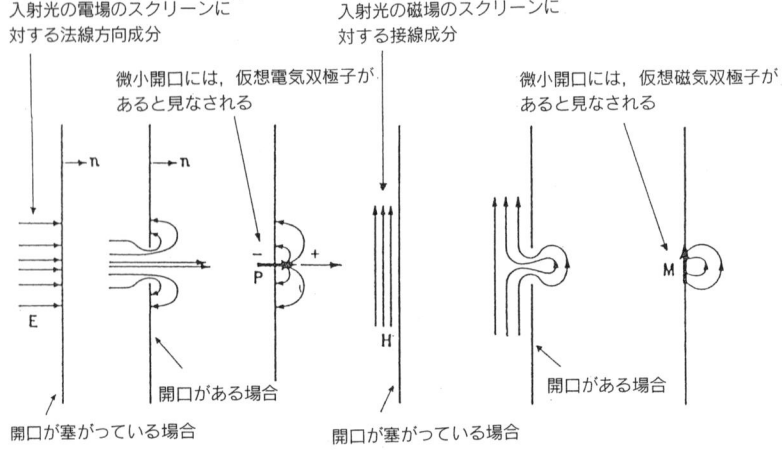

図5　開口による回折電場・磁場の説明図

ので，成り立たないし，②については，開口内にも回折成分は存在し得るはずである。Betheの理論では，開口内での電場・磁場は，開口がなかったときの場と回折場との和として表される。さらに開口が十分小さいと仮定することによって，開口内にはスクリーンに対して法線方向の電場とスクリーンに接する方向の磁場のみが存在しうる。そうすると，このような開口には仮想的に，入射した電場の法線方向成分によって励振された電気双極子と，入射してきた磁場の接線方向成分によって励振された磁気双極子が，存在しているものと考えられる。**図5**に，この様子をCollinsが表わした図を示す[46)]。

垂直入射の場合は，電場も磁場も入射スクリーン面に平行であるので，磁気双極子のみが励起される。この磁気双極子によってスクリーンの後ろ側（射出側）に電場と磁場が発生する。その値はStrattonによる式[47)]を用いて厳密に求められる。そして，これらを使えば，開口の後ろにできる電磁場の強さと伝播方向が完全に求められる。**図6**に微小開口に存在する仮想磁気双極子によってつくられる電場の，開口からの距離（光軸上）に対する強度変化[48)]を，**図7**に微

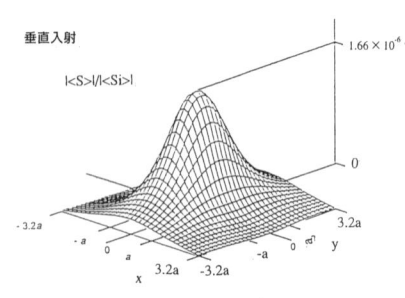

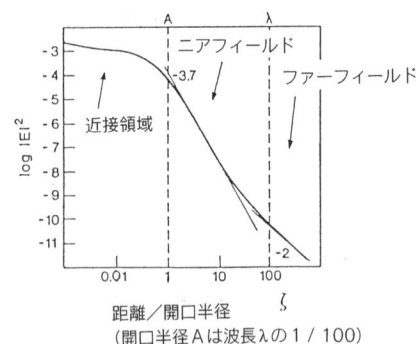

図6　開口からの距離に対する回折光の光軸上の強度分布

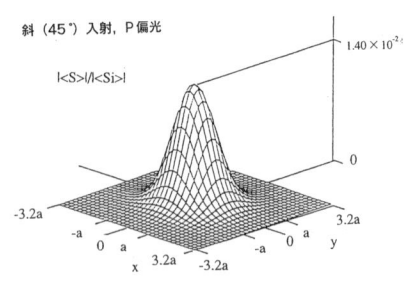

図7　微小開口からの回折波の
　　　ポインティングベクトルの分布

開口径の距離だけ開口から離れた位置における分布の比較。垂直入射より斜入射の方が4桁大きいことに注意

小開口に電磁波が垂直に入射した場合と斜めに入射した場合の，ポインティングベクトルの大きさを示す[49]。

この微小開口理論は，マイクロ波導波管の結合器として広く知られ，Bethe孔の方向性結合器と呼ばれて用いられている[46]。

Bouwkampは，その後，Betheの微小開口の回折理論をより詳細に検討し，それを拡張した[50]。また，Marchandらは，Kirchhoffの理論を拡張することによって，上の②の近似を取り除いたスカラー理論を示している[51,52]。この理論においては，開口のエッジによる回折波が開口内で多重反射する成分をも考慮している。微小開口問題はその後も，スリット[53]や矩形開口などに対する回折場[54〜57]，厚いスクリーンに開けられた微小開口[58〜60]など，研究が続けられている。

微小開口を用いたニアフィールド光学顕微鏡を最初に試作したのは，AshとNichollsである。彼らは1972年のNatureに，10GHz（3cm波）のマイクロ波の共振器を作って，波長の60分の1の分解で金属（アルミニウム）格子（幅0.5mm），文字パターン，誘電体の反射率分布などの測定を行なった[61]。この実験結果は非常に見事であったが，この発表の後再び10年以上，ニアフィールド光学顕微鏡の研究は滞ることとなる。

1984年，Masseyはスカラー回折理論に基づいて，微小開口が超解像を与えることを指摘し[62]，1985年に118.8μmのCO_2レーザーを用いて実験を行なった[63]。これは，スカラー回折理論による微小開口走査ニアフィールド光学顕微鏡の，最初の研究成果ではないかと思う。

2.4 ニアフィールド光学顕微鏡の結像原理

図8に，通常の走査光学顕微鏡とニアフィールド光学顕微鏡の原理図の比較を示す。2つの光学系で異なる点は，試料の上に微小散乱体（プローブ）が存在することだけである。照明光は試料によって回折・散乱しあるいは吸収されるが，プローブはこの回折（あるいは散乱，蛍光）

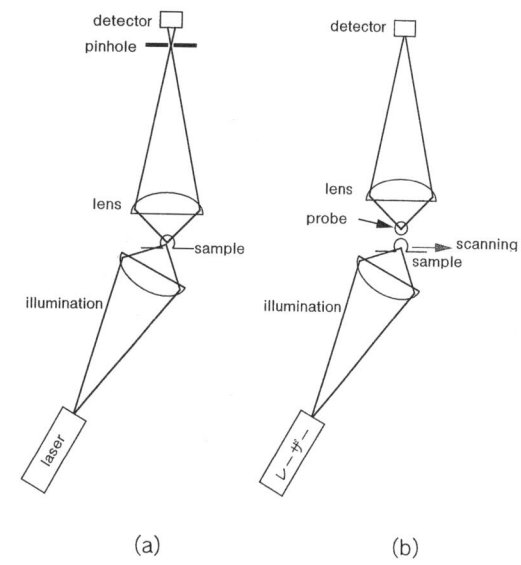

図8 (a)通常のレーザー走査顕微鏡
(b)ニアフィールド光学走査顕微鏡

場と相互作用して（すなわちその場を乱して）新しい場を形成する。

そして，プローブによる場の変化が，対物レンズによって検出器上で観察される。ニアフィールド光学顕微鏡においては，レンズは単にプローブからのフォトンを集める。従って，分解能などの像特性はレンズによって決まるのではなく，プローブの大きさやその試料からの距離などで決まる。画像は，プローブを試料上で走査することによって時系列として構成される。

さて，プローブが試料（物質）表面から波長程度以上の距離を走査する場合と，それ以下の距離を走査する場合とでは，像は全く異なる。物質構造から波長より短い距離（ニア・フィールド）においては，微細構造によって形成される不均質で非放射な局在電磁場（エバネッセント場，それを量子化したものはエバネッセント・フォトン）が存在するからである。ニアフィールド光学顕微鏡は，プローブとエバネッセント・フォトンとの相互作用による画像を構成する。

プローブと試料との相互作用が画像を与えるのであるから，照明は試料側からでも，プローブ側からでも構わない．図8(b)に示すように，試料を照明して，その散乱光をプローブから検出する方法をコレクションモード，プローブに光を照射する方法をイルミネーションモードと呼ぶ．
プローブの条件としては，
① 試料からニアフィールドに存在すること
② エバネッセントフォトンと相互作用するために，その大きさが波長より小さいか，波長より細かい構造を持つこと
の2つが必要である．微小散乱体のほか，図9に示すように，微小開口や微細回折格子[64]，あるいは探針や先端に開口のある導波路などが，プローブとして用いられる．

理想的には，図9(a)に示したような，観察するべき局所場のみに存在する十分小さい孤立微小散乱体（レーリー粒子）であるべきだが，孤立した散乱体を試料からナノメーターオーダーの距離で制御することは極めて困難である．

1928年の提案をはじめ1972年の実験においても，プローブは図9(a)の微小開口が用いられた．微小開口による検出法では，微小散乱体を用いる場合と比べてバックグランド光がないため，コントラストが高いというメリットがある．しかし，観察点以外においても遮光スクリーンが存在するので，プローブをニアフィールドで走査するためには試料面がナノメーターオーダーで平坦でなければならない．これは現実的ではないので，現在では，図9(c)あるいは(e)のような，探針を用いるのが一般的である．図9(c)では，プローブを微小に上下振動させてロックイン検出することによって，バックグランド光を除く．

図9(d)および(e)は，イルミネーションモードにおいては照明光を，コレクションモードにおいては散乱光を，プローブの中を導波させる．(d)の場合，波長より短い径のプローブの中をフォトンを導波させると，その外側に深い滲みだし場を生じ，結局高い空間分解能が得られない．そこで，(e)のように，誘電体プローブを金属でコートしその外側のフォトンが導波モードと結合しないようにする方式が，一般的である．しかしこの場合，光はほとんど導波できず，導波したフォトンも途中で金属によって吸収されてしまう．従って，極めて微弱な光の検出技術が要求される．

イルミネーションモードでの照明光の方向，あるいはコレクションモードでの検出方向についても，図10に示すように，いろいろな角度が検討されている．これは，従来の光学顕微鏡における観察モードと同じで，試料に

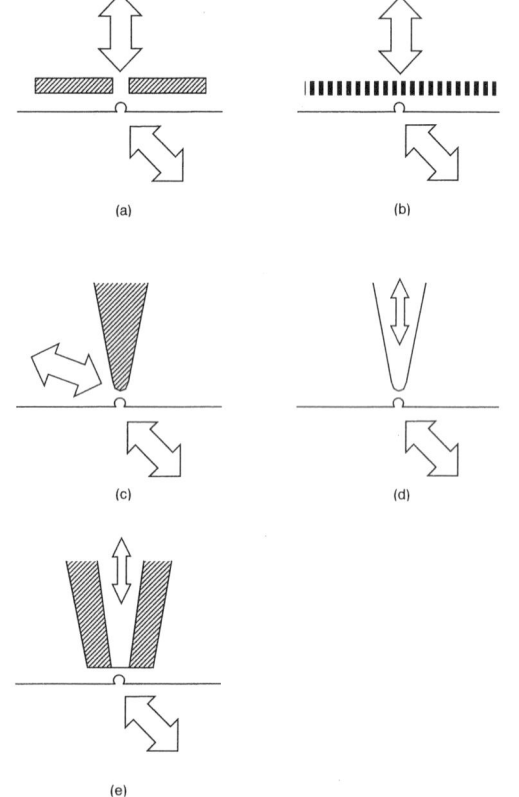

図9．ニアフィールド光学顕微鏡のプローブ
(a)微小開口　　(b)微細回折格子
(c)金属プローブ　(d)誘電体プローブ
(e)微小開口を持った光ファイバープローブ

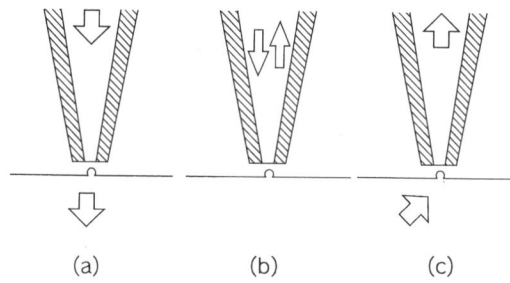

図10 ニアフィールド光学顕微鏡の照明／検出方式
(a)透過モード　(b)反射モード
(c)フォトントンネリングモード

対して図10(a)の透過と図10(b)の反射（落射）のふたつのモードがあり，それぞれに偏射照明や暗視野観察法がある。暗視野の中でも図10(c)の全反射照明はコントラストが高いので，特によく用いられ，フォトン走査トンネル顕微鏡[65,66]と呼ばれる。しかし，全反射による照明光のエバネッセント場化は，ニアフィールド光学顕微鏡における超解像性の本質とは関係なく，迷光を除去しコントラストをあげることがそのメリットである。これまで暗視野観察法が，微弱光測定の観点から一般であったが，最近，明視野の観察装置の報告も見られるようになった。それは，従来の光学顕微鏡を考えると当然のことである。アッベの回折理論からも明かなように，明視野観察法では，弱散乱物体に対する結像は，0次光と変調光の干渉により線形近似が成り立ち，高分解画像を得ることができる。IBMのWickramasingheは，シリコンの探針を用い，反射微分干渉光学系によって，2nmの分解で油滴の像を観察している[67]。

（河田　聡）

参考文献

1) E.H.Synge,(1928) A suggested method for extending microscopic resolution into the ultra-microscopic region. Philos. Mag. 6, 356-362.
2) E. A. Ash, & G. Nicholls, (1972) Super-resolution aperture scanning microscope. Nature 237, 510-512
3) D .W. Pohl, W. Denk, &M. Lanz, (1984) Optical stethoscopy:image recording with resolution λ/20. Appl. Phys. Lett. 44, 651 -653.
4) Scanning Microscopy Technologies and Applications, Proc.of SPIE, 897 (1988).
5) H.A.Bethe:Phys.Rev.,66(1944)163-182.
6) C. Girard, D. Courjon, (1990) Model for scanning tunneling optical microscopy : a microscopic self-consistent approach, Phys. Rev. B, 42, pp. 9340-9349.
7) L. Novotny, D. W. Pohl, & P.Regli,(1994) Light propagation through nanometersized structures: the two-dimensional-aperture scanning near-field optical microscope. J. Opt. Soc. Am. A 11, 1768-1779.
8) H. Furukawa, S. Kawata, (1996) Analysis of image formation in a near-field scanning optical microscope : Effects of multiple scattering ,Opt. Commun., 132, no.1-2, pp.170-178.
9) J. A. O' Keefe,(1956) Resolving power of visible light. J. Opt. Soc. Am. 46, 359.
10) E. Betzig, M. Issacson, & A.Lewis,(1987) Collection mode near-field scanning optical microscopy. Appl. Phys. Lett. 51, 2088-2090.
11) W. Lukosz and M. Marchand : Opt. Acta, 10 (1963) 241.
12) 居相直彦, 河田聡：第53回応用物理学会講演予稿集（1992）p.775.
13) S.Kawata : NEW TREND ON SCANNING OPTICAL MICROSCOPY (1992) p.73.
14) J.M.Guerra : Appl. Opt., 29 (1990) 3741-3752.
15) T. Nakano and S. Kawata : SCANNING. 16, 368-371 (1994).
16) S.M.Mansfield and G.S.Kino, Appl. Phys. Lett. 57, 2615 (1990).
17) N. F. van Hulst, M. H. P. Moers, O. F. J. Noordman, R.G.Tack, F. B. Segerink, & B. Bolger, (1993) Near-field optical microscope using a silicon-nitride probe. Appl. Phys. Lett. 62, 461-463.
18) Y.Inouye, & S. Kawata, (1994a) Near-field scanning optical microscope using a metallic probe tip. Opt. Lett., 19, 159-161.
19) A.Lewis, & K. Lieberman, (1991) Near-field optical imaging with a nonevanescently excited high-brightness light source of sub-wavelength dimensions. Nature 354, 214-216.
20) E. Betzig, & R. J. Chichester, (1993) Single molecules observed by near-field scanning optical microscopy. Science 262, 1422-1424.
21) R.C.Dunn, G.R.Holtom, L.Mets, X.S. Xie, J. Phys. Chem., (1994) 98 , 3094.
22) E.Betzig, R.J.Chichester, F.Lanni, & D. L. Taylor, (1993) Near -field fluorescence imaging of cytoskeletal actin. Bioimaging 1, 129-135.

23) E. Betzig, J. K. Trautman, R.Wolfe, E.M.Gyorgy, P. L. Finn, M. H. Kryder,&C. H. Chang,(1992) Near-field magneto-optics and high density data storage. Appl. Phys. Lett. 61, 142-144.

24) M. Hamano and M. Irie : Jpn. J. Appl. Phys., 35 (1996) 1764

25) S. Hosaka, T. Shintani, M. Miyamoto, M. Terao, M. Yoshida, S. Honma and S. Kammer : Thin Solid Films, 273 (1996) 122.

26) 福本敦：光メモリにおける超解像（2）最新技術. 超解像セミナー講演要旨集(1994).

27) H.F.Hess, E.Betzig, T.D.Harris, L.N.Pfeiffer and K.W.West(1994)Near-Field spectoscopy of the quantam constitnents of a luminescent system, Science 264, 1740-1744.

28) J.Wessel,(1985) Surface-enhanced optical microscopy. J. Opt. Soc. Am. B 2, 1538-1540.

29) U. Ch. Fischer, & D. W. Pohl, (1989) Observation of single-particle plasmons by near-field optical microscopy. Phys. Rev. Lett. 62, 458-461.

30) R.J.Cook and R.K.Hill., Opt. Commun. 43, 258 (1982).

31) S. Kawata and T. Sugiura, Opt. Lett. Vol. 17, No.11, pp.772-774 (1992).

32) S. Kawata and T. Tani, Opt Lett Vol. 21, No. 21, pp. 1768-1770 (1996).

33) 杉浦忠男，河田聡：Jpn. J. Opt., Vol. 23, pp. 191-197 (1994).

34) T. Sugiura and S. Kawata, Bioimaging Vol.1, No.1, pp. 1-5 (1993).

35) H.Ito, K.Sasaki, T.Nakata, W. Jhe and M. Ohtsu, Opt. Commun. 115, 57 (1995).

36) B. Liedberg, C. Nylander and I. Lundstrom : Surface Plasmon Resonance for Gas Detection and Biosensing, Sens. Actuators, 4-2, 299-304 (1983).

37) K. Matsubara, S. Kawata and S. Minami : A Compact Surface Plasmon Resonance Sensor for Measurement of Water in Process, Appl. Spectosc., 42-8, 1375-1379 (1988).

38) S. Lofas and Bo Johnsson, "A novel hydrogel matrix on gold surfaces in surface plasmon resonance sensors for fast and efficient covalent immobilization of ligands," J. Chem. Commun. 21, 1526 (1990).

39) T. Osa, M. Fujihira, : Photocell using covalently-bound dyes on semiconductor surfaces, Nature (GB), 264, no.5584, 349-50, (1976).

40) 河田 聡：光学, 21 (1992) 766.

41) J. Durnin: J. Opt. Soc. Am., 4 (1987) 651.

42) J. A. O'Keefe: J. Opt. Soc. Am., 46 (1956) 359.

43) Lord Rayleigh: Philos. Mag., 5 (1950) 410.

44) U. Fano: J. Opt. Soc. Am., 31 (1941) 213.

45) H. A. Bethe: Phys. Rev., 56 (1944) 163.

46) R. E. Collin: Foundations for microwave Engineering (McGraw Hill, London, 1966), 190.

47) J. A. Starron and L. J. Chu: Phys. Rev., 56 (1939) 99.

48) U. Durig, D. W. Pohl and F. Rohner: J. Appl. Phys., 59 (1986) 3318.

49) T. Nakano and S. Kawata: J. Mod. Opt., 39 (1992) 645.

50) C. J. Bouwkamp: Philips res. Rep., 5 (1950) 401.

51) E. Marchand and e. Wolf: J. Opt. Soc. Am., 56 (1966) 1712.

52) E. Marchand and e. Wolf: J. Opt. Soc. Am., 59 (1969) 79.

53) B. J. Lin: J. Opt. Soc. Am., 62 (1972) 976.

54) C. Butler, Y. Rahmat-Samii and R. Mittra: IEEE Trans. Antennas Propag., AP-26 (1978) 82.

55) Y. Leviatan and R. F. Harrington: Arch. Elektr. Ubertr., 38 (1984) 231.

56) Y. Leviatan: J. Appl. Phys., 60 (1986) 1577.

57) R. English, Jr and N. George: J. Opt. Soc. Am. A, 5 (1986) 192.

58) F. L. Neerhoff and G. Mur: Appl. Sci. Res., 28 (1973) 73.

59) A. Roberts: J. Opt. Soc. Am. A, 4 (1987)1970.

60) A. Roberts: J. Appl. Phys., 65 (1989) 2896.

61) E. A. Ash and G. Nicholls: Nature, 237 (1972) 510.

62) G. A. Massey: Appl. Opt., 23 (1984) 658.

63) G. A. Massey, J. A. Davis, S. M. Katnik and E. Omon: Appl. Opt., 24 (1985) 1498.

64) 河田 聡; O plus E 154 (1992) 73.

65) Reddick R. C., Warmack R. J. and Ferrell T. L. ; Phys. Rev. B 39 (1989) 767.

66) Courjon D., Vigoureux J. M., Spajer M., Sarayeddine K. and Leblanc S. ; Appl. Opt. 29 (1990) 3734.

67) Zenhausern F., Martin Y. and Wickramasinghe H. K.; Science 269 (1995) 1083.

可 能 な 応 用 範 囲

　従来より取り扱われている光は対象とする空間すべてに満ちて伝搬する波動であると考えられ，これを通信や情報処理に用いるとき，物質とは切り離して取り扱われてきた。従ってその応用に際して物質の構造と光の特性との間の強い相関は必ずしも考える必要が無かった。これに対し，光源の波長よりずっと小さなナノメートル寸法をもつ近接場光の場合には本質的に極微小物質との強い相関を考慮しながら取り扱う必要がある。

　近接場光の空間的な微小特性を利用するだけでなく，上記の強い相関を利用する技術を「ナノ・フォトニクス」と定義できるが，その技術の波及効果は図1に示すように極めて広範な分野にわたる。その具体例の主なものは以下で列挙することにして，まず近接場光の各種特性と対応させて機能別に応用可能性を分類すると次のようになる。

　①近接場光の散乱特性を利用
　　　→物の形を見る（顕微鏡としての応用）
　②近接場光の時間コヒーレンス，エネルギーを利用
　　　→物の構造を調べる
　　　　（分析機器，分光器としての応用）
　③近接場光のエネルギー，圧力を利用
　　　→物を操る，加工する
　　　　（光ピンセット，加工機としての応用）

　以上の機能を用いると下記の広範な分野での技術革新を引き起こす多様な応用が考えられる。

1. 材料工学

　図2に示すように自然界において物質と光とは互いに車の両輪をなすと考えられる。そのう

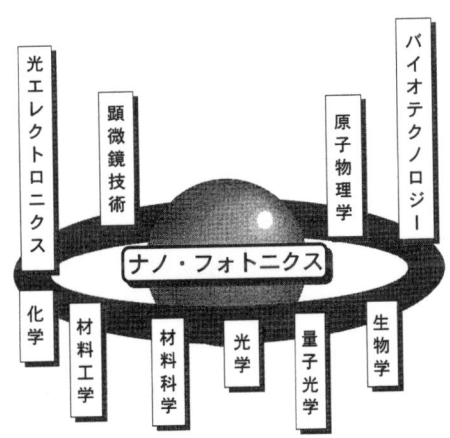

図1　近接場光を利用する「ナノ・フォトニクス」の技術の主な波及分野

第1部 基礎編

ちの一方の車輪である物質については半導体をはじめとする凝縮系物性科学，材料科学の進歩により人工的な微結晶が作られるようになった。たとえばサブミクロン加工技術により，10ナノメータ程度の半導体微粒子，量子ドットなどが作成されている。さらに走査トンネル顕微鏡(STM)を使うことにより原子一個ずつを操作し，原子レベルでの物質創製が可能になりつつある。これに対しもう一方の車輪である光に関しては，従来の伝搬光を使う限り，回折限界を打破する微小寸法の光は実現していない。近接場光はこの限界を打破する微小な光なので材料工学分野の進歩のブレークスルーを与える。

従来の材料科学・工学は自然界にある物質の構造を調べたり加工するのみであった。今後は自然界に無い新物質を人工的に作ることが重要であるが，この作成のための既存技術は「化学反応」と「熱平衡」の現象を利用したものにすぎない。つまり物質の構成要素である原子を集団的に扱うのみである。従って作成されるものは2次元的な膜状の物質または1次元的な線状物質である。0次元的なナノ寸法の点状物質は作れない。点状物質に類似のものとして半導体量子ドットがあるが，これは「自己組織化」とよばれる化学反応・熱平衡の概念を使っているので，結晶基板の任意の位置に制御性よく作ることはできない。

以上の既存技術に対し，近接場光と原子との共鳴相互作用という「物理現象」を使えば原子一個づつの単位で結晶基板の希望する位置に精度よく堆積させ，0次元的な点状物質を作ることができる。また光源の波長を変えると（すなわち光子エネルギーを変えると）多種類の原子を扱うことができるので，既存の走査トンネル顕微鏡(STM)による原子操作にくらべ多様性に富む。さらに光を使うので基板損傷性の少ないソフトかつクリーンな方法といえる。このように近接場光を利用すると従来の材料科学では不可能だった新奇な人工のナノ物質創製が期待される。

従来の伝搬光を用いたのではここで述べたナノ寸法の極微小物質ならびに原子の光学的特性を評価することは不可能である。なぜならこれらの試料は光の波長にくらべずっと小さいので従来の伝搬光を使うと「見えない」からである。しかし近接場光を使えば見える。従って近接場光は材料工学分野において極微小材料の特性の観測評価に関する全く新しい手段を提供し，ひいては近接場光をしみ出させる極微小物質の光学的特性の評価と解析，すなわちメゾスコピック光物性の大きな進展が期待される。さらにこのような物質は半導体などの固体には限らず，有機薄膜および微粒子，および生体微粒子など

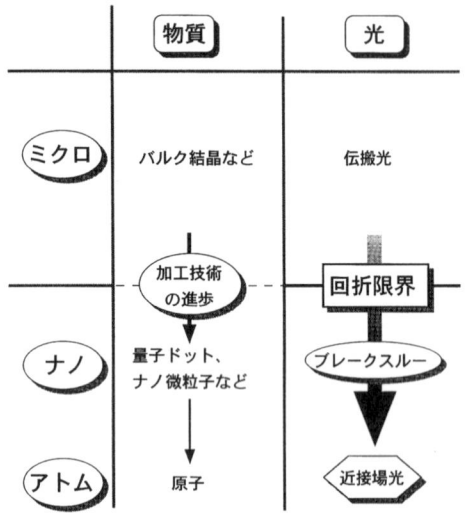

図2　物質と光の微小化の軌跡

表1　電子および光を用いた顕微鏡の分解能の比較

分解能	電子	光
回折限界以内	走査トンネル顕微鏡(STM)	従来の光学顕微鏡
回折限界をこえて	ない！	近接場光学顕微鏡

—16—

も含まれる。

　近接場光のもつエネルギーは小さいが，その単位断面積あたりのエネルギー密度，さらには運動量は巨大である。これを利用すると極微小物質の加工，運動する微粒子の操作と制御，などがナノメータ寸法の精度で可能となる。

　以上のような特性をもつ近接場光による物質の制御，操作性を原子に対して適用すると原子レベルでの物質創造，さらには人工的分子の合成が可能であり，材料工学，デバイス工学への貢献が大きい。

2. 光エレクトロニクス

　通信，情報処理の高速化，大容量化のためには光エレクトロニクス技術が大きな役割をはたしているが，従来の伝搬光を使っている限り，半導体レーザー，光集積回路などの光デバイスの寸法は光波長以下にはならない。この意味で光デバイスは電子デバイス（ULSIなど）に比べて巨大であり，その微小化に関しては近い将来原理的なデッドロックを迎える。これに対し近接場光による極微小物質中での非線形光学，共鳴現象を利用すると，従来に比べ1/1000以下の体積の新機能光デバイスが可能となり，上記のデッドロックを乗り越えられ，動作速度，集積度が飛躍的に向上する。さらに光デバイスの一種である光メモリのテラビット級の超高密度化も可能であり，ハード面での情報処理分野での寄与のみでなく，このような超高密度，超大容量メモリが社会に与える大きな情報量により，社会形態そのものの変革も期待される。

3. バイオテクノロジー，生物学，化学

　近接場光を使うと従来の光学顕微鏡の100～1,000倍の高倍率が得られる。さらに極低温や水中などの特殊環境下での測定，また形状のみでなく分光スペクトルの取得などが可能であるので，各種の極微材料，生体微粒子の評価が可能である。

　近接場光の持つ大きなエネルギー密度，運動量を用いて，水中での生体微粒子運動の制御が可能であり，また生体微粒子に対するナノ寸法の「光メス」による手術が期待される。これは遺伝子工学も含め生物学，医学分野での新手法を提供する。

　化学，生物では分子，さらには生体を構成する微粒子の構造，運動などを評価研究するために光学技術が頻繁に用いられてきた。すなわちこれらの試料を観測するための光学顕微鏡，光化学反応を誘起するためのレーザー光源，これらの試料からの発光を検出するための分光装置などである。しかしこれらすべての光学装置では伝搬光を使うために，分解能が回折により制限されており，極微小な試料は取り扱えない。これに対し近接場光を用いればこの問題が解決し，DNAなどの生体微粒子の観測が可能となる。さらにこれらは水などの液中で可能である。またDNAなどが液中で観測できれば，近接場光のもつ圧力を用いてDNAの熱運動を制御して捕獲したり，ひいては加工することも可能となる。

4. 顕微鏡技術

　近接場光の応用の一つに近接場光学顕微鏡がある。これは従来の光学顕微鏡（それは伝搬光を使っているので分解能は光の回折により制限される。すなわち，光波長程度より小さい物は見えない）よりもはるかに高分解能の光学顕微鏡であるが，この顕微鏡ではファイバプローブを走査して画像を測定するので，その動作機構は走査トンネル顕微鏡(STM)，原子間力顕微鏡(AFM)などの走査プローブ顕微鏡の場合と一見類似している。しかし表1に示すようにたとえば電子顕微鏡の一種であるSTMではその分解能が原子一個レベルに達するとはいってもそれは電子の波動性の回折限界で制限されている。す

なわち物質の構成要素である電子を使った顕微鏡では従来の光学顕微鏡と同様，電子波の回折限界をこえる性能は得られていない。この意味で本課題の応用システムである近接場光学顕微鏡は電子顕微鏡，STMの性能に対して一歩先んじている。また，STM，AFMと異なり近接場光学顕微鏡は光源の光の周波数を掃引することにより試料の形状のみでなく，構造などを知るための分光が可能である。さらに，空気中，水中，極低温中など，特殊環境下での動作が可能である。従ってナノ・フォトニクスの成果は超高分解能顕微法のブレークスルーを与える。

（大津 元一）

可能性とニーズの調査結果

　日本光学会・近接場光学研究グループの第1回トピカルミーティングが，1996年11月に開催された。近接場と一口に言っても，種々の研究毎に，波長も，対象物の大きさも，関与する物理現象が生じているスケールも様々である。そこで，各人の考える近接場の対象と現象のスケールを特徴ある領域に分け，概念や用語を整理して，領域毎に議論を深めようというのが，会議の目的であった。ここでは，会議の参加者の興味の対象について調査した結果を紹介する。参加者は，約30名，全員が実際に近接場光学に関わっている。

　図1は，電磁場の空間サイズとサンプルサイズを軸として，各人の近接場光学の興味の対象がどこにあるかを調べた結果である。縦軸は，その領域を対象に含んだ人ののべ人数である。意外にも10nm，さらには1nm以下の領域への興味が多く，原子，分子の分解能が望まれていることが分かる。

　図2には，代表的な興味の対象がどのスケールに位置するかが表示されている。マイクロ波領域から，原子，分子に至るまで，スケールは広範囲に渡っている。また，メモリや加工といった応用からプラズモンや原子鎖構造といった基礎研究まで，興味の分野も広い。いろいろな研究者が，それぞれの分野で近接場光学の可能性を探っている。

　図2に示した興味の対象や現象の回答数をカテゴリーに分けて集計した結果が図3である。尚，複数回答を許しているため，総数は参加者数より多くなっている。興味の対象が，装置や手法等の開発にあるとしたものが15件（カテゴリーⅠ），測定対象物や現象にあるとしたものが

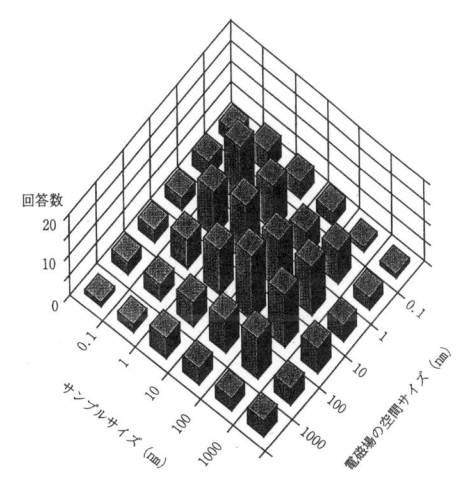

図1　興味のある電磁場の空間サイズとサンプルサイズ
縦軸はその領域に興味があるとした回答数

第I部 基礎編

45件であった（カテゴリーII）。グラフ上の数字は，それぞれの対象の回答数がカテゴリー中で占めるパーセンテージを示している。興味の対象としては，物質との相互作用を含む光学そのものが最も多く，カテゴリーIの総数がほぼこれと同数あり，この2つで全体の半数以上を占める。これらは，どちらも測定，或いは近接場光学そのものを興味の対象としている。近接場光学自身の研究は，像観察のメカニズムや，プローブと試料の相互作用といった問題にも関わり，装置や測定手法の開発にも必要になることを考えると，装置周りでは基礎から応用まで興味の対象は広がっていると考えられる。しかし，逆に，純粋に試料の物性だけに興味を持つという立場の回答は少なかった。ただ，これは，本会議が近接場を考えるという目的であったため，近接場光学顕微鏡を単なるツールとして用いているユーザの参加が少なかったせいかもしれない。しかし，近接場光学自身が，或いは近接場光学顕微鏡が，光学や装置に不慣れなユーザが汎用的なツールとして利用できるという域にまで成熟していないという事も否めない事実であろう。また，図3では示されていないが，カテゴリーIIにおいて，光やプラズモン，原子，電子・エネルギー移動などに分類された中には，高分解能のイメージングというよりも，光の局所場という特徴を活かした研究を考えているという回答が目立った。これは，顕微鏡にとどまらない研究の別の方向として興味深い。

本会議には，日本の近接場光学に関する研究グループの大多数が参加したので，これらの結果は，少なくともこの時点での日本における近接場光学研究の方向性を表していると言って良いかもしれない。尚，その後も，本分野の研究者人口は増加しており，異なる分野の研究者の参画も増えているので，裾野はより広がっていると考えられる。

（木口　雅史）

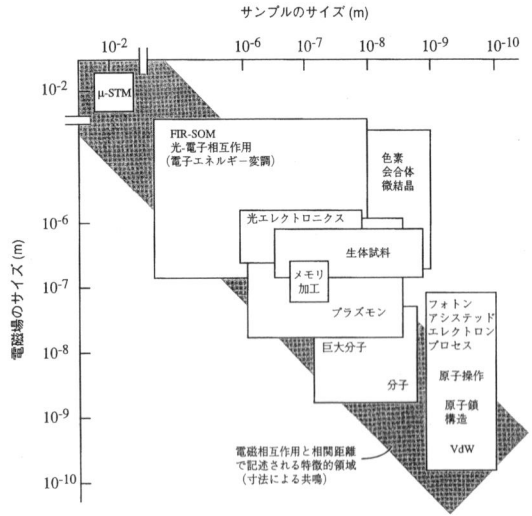

図2　興味の対象や現象の位置するスケール領域

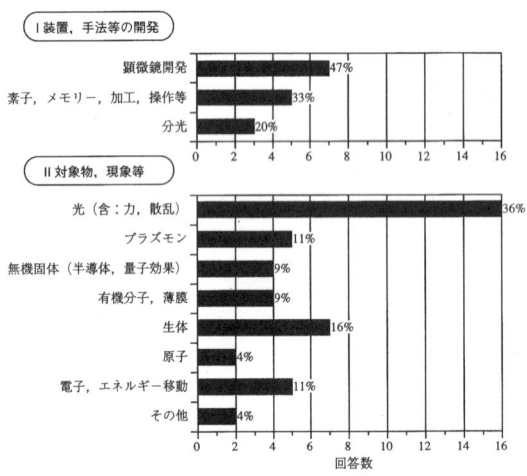

図3　興味の対象や現象のカテゴリー別回答数

第II部

理論編

現状の理論の概要と問題点（1）
近接場ナノフォトニクスの理論的背景

1. はじめに

　走査型光近接場顕微鏡をはじめとする近接場光学現象の理論的取扱いには，ひとくくりに記述すべきものでない多様性がある。近接場ナノフォトニクスの基本的枠組みの中には，**局所的な電磁場を介しての微小な物質系の相互作用とその局所的相互作用の結果の遠方からの観測**という，それぞれ性格の異なる基本的要素が必ず含まれている。例えば近接場光学顕微鏡を例にとれば，光励起された微小試料の近傍の電磁場のようすを，その近傍に微小物体からなるプローブ先端をおき局所的相互作用を通じて測定することと，その結果生じたプローブ先端の励起に関する情報を，光導波路などを巧妙に用いて私たちが観測できる遠方まで効率よく取り出す，という二つの要素である。これらを全て含めてひとつの理論的取扱いをするというのは，近接場光学現象の記述や理解のよい方法ではない。理論的考察を行うために，それぞれ利用されている局所的相互作用の性質，局所的な現象と光源，光検出器，導波路などをも含むマクロな系との結合など，基本要素となる部分系の抽出や区分けを正しく行うことと，それらの物理的特性を既存の光学理論にとらわれず，本質からよく理解することが必要である。そうすることによって，私たちが最終的に遠方で観測している物理量が，局所的相互作用となるべく簡単な関係で結び付けられるとき，近接場光学現象はミクロなものの観測システムとして有効となりえる[1]。

　近接場光学現象は，そのメゾスコピックな性格から，いくつかの異なる理論的取扱いを通して眺めることによって，その特質が明らかになるものと考えるのがよいと思われる。この章では，近接場光学現象のいくつかの特徴的な理論的取扱いの方法が示されている。それらは基本的には同等である物理現象の多様な側面を，それぞれ特徴ある方法で抽出・記述し，また評価・予測をすることを可能にするものである。このために，部分系の切り出し方やモデルの立て方，近似の方法などに工夫が凝らされている。これらは単に記述や計算の便宜上そうであるというのではなく，いかにしてマクロな光学過程の中から，通常は回折限界に埋もれているミクロな量を検出するかという，近接場光学的手法の基本的性質に由来する。従って，理論の基礎となるモデルや近似はまた，有効で可能な実験的手段の提示でもある。すなわ

第Ⅱ部　理論編

ち，ミクロなスケールでの物質系の相互作用は，あらゆるマクロな光学過程の素過程であるが，そのいくつかを実験において選択し抽出できるためには，システム全体が，その**ミクロな部分系に対して良い近似で独立した意味を付与できる**ような構成になっている，ということが不可欠である。そして理論的取扱いも，そのような特色を反映したものとなり，また微小な部分系の抽出ができる条件を明確にするようなものでなければならない。光波長よりもはるかに小さい部分系の相互作用は，それだけを抽出して眺めるときには，準静的な特質から比較的単純であるべきものである。

この節では，理論的取扱いの序論として，近接場光学現象に関わる基本的かつ普遍的性質を分析し，理論的取扱いの依って立つ背景を考察する。

2. 光近接場と物質系の相互作用

光と物質系の相互作用は，電磁場によって物質系に励起されたミクロな運動の変化と，これが分極や電流というソースとして誘起する電磁場とが，複雑に絡み合って生ずるさまざまな効果を含んでいる。ミクロな目で眺めれば，物質を構成する極めて多数の原子の電磁気的相互作用のそれぞれが，マクロにみればその物質系の相互作用が全体として作り出す光学応答が，観測や理論的記述の対象となる。このような現象を取り扱う方法は，たとえその基礎となる方程式がSchrödinger方程式やMaxwell方程式など極めて少数の普遍的なものであったとしても，**注目する物質系の大きさや電磁気的性質に応じて極めて異なったもの**となる。すなわち，ミクロであるがゆえに用いることのできる前提や厳密な計算，マクロであるがゆえに成り立つ近似的取扱い，また，例えば共鳴効果などのために採用できる単純化，あるいは系がいくつかの部分系に良い近似で分割できることによるモデル化など，注目する現象を私たちが理解する上で不可欠な，特徴的方法がそれぞれ用いられる。

これまで，光と物質系の相互作用に関して，ミクロとマクロのそれぞれどちらかの極限に近い場合について，さまざまな理論的実験的研究がなされ，これらは一般向けの教科書にもその詳細を見ることができる。特にマクロな極限の場合には，主に物質系の諸量（自由度）を消去する方法が用いられ，それによって物質系の相互作用を，誘電定数あるいは誘電関数などのマクロな平均量に置き換えることや，物質系の応答を，そこから発生する電磁場の自己無撞着性に基く考察により，電磁場に対する境界条件に置き換えて取り扱う方法などが広く用いられてきた。この結果，マクロな取扱いにおける物質系の相互作用のミクロな詳細は，一般には省みられることが少なくなった。

しかし一方で，物質系の相互作用をあらわに含む電磁場の取扱いは，理論の形態としても現象そのものとしても非常に興味深いものであり，今世紀の物理の流れの中でも，量子論による取扱いも含めて多くの基礎研究の対象となってきた。これらの研究は，対象として取り扱う物質系の空間的広がりや応答の多様性，また実験手段などの様相の違いなどから，それぞれが独立な話題とみなされることが多かったためか，研究の成果が十分に整理されたような形で体系付けられていないようである。最近になって，近接場光学現象が注目を集めるとともに，ミクロとマクロの中間領域で起こる電磁場と物質系の相互作用が，総合的，系統的に解析されることになってきた。ミクロとマクロの極限での電磁相互作用の取扱いはどちらも，極めて良く整理された体系となっているため，それが拠り所とする前提や近似などの詳細がしばしば見過ごされてしまうことがある。近接場光学現象を考察するにあたっては，このような点に注意し，ミクロやマクロの極限に相当する理論に対

する正しい理解と，物質系の相互作用に関する素過程にまで立ち戻った，いわば素朴な目で見た考察が必要である。

3. 近接場光学顕微鏡の一般的性質

近接場光学現象の理論的取扱いを，ここではまず応用上最も重要な近接場光学顕微鏡の原理との関連で考察する。近接場の重要性は光に限ったことではなく，電子の近接場を用いた走査型トンネル顕微鏡(STM)などの走査プローブ顕微鏡には，共通する基本的性質を見いだすことができる[2]。

3.1 走査プローブ顕微鏡としての基本的性質

光や電子の回折や干渉を利用した従来の顕微鏡に対して，近接場顕微鏡である走査プローブ顕微鏡は，微小試料とプローブ先端の相互作用を利用するという意味で，相互作用型の顕微鏡であると言える。すなわち，微小試料とプローブ先端との相互作用を外部から光や電子の注入によって励起し，これを散乱光強度やトンネル電流として外部に情報として取り出す仕組みである。外部から観測できるものは，基本的にはマクロな光波の運ぶエネルギーや電子電流などであるから，ミクロな相互作用に関する情報を取り出すために，相互作用を局在化する尖ったプローブや，その位置をミクロにコントロールする走査システムなどが必要となる。また顕微鏡という性格から，相互作用型の顕微鏡といえども「サンプルをプローブで測定する」ということの意味が，近似的にせよある程度明確なものでなくてはならない。このような点を考慮すると，近接場顕微鏡は一般に部分系の空間的広がりと光波長(λ_0)との大小関係で特徴付けられる次のような3つの要素をもち，またそのように分割して考えることがよいモデルとなるようなシステムである，と考えられる。

① 試料とプローブチップから成る微小物質系の局所的(近接場)相互作用($\ll\lambda_0$),
② 試料やプローブ先端近傍の局所場と光源や光検出器に繋がる信号伝達系との結合および絶縁($\sim\lambda_0$),
③ ファーフィールドでの微小信号検出のための高効率の信号伝達系($\gg\lambda_0$)。

これらの要素が，それぞれよい近似で明確な意味を持つならば，私たちがそのシステムで何を観測しているかを明らかに言うことができる。従って，これらがどのような条件下で切り離せるかということが，近接場顕微鏡で得られる像の解釈において極めて重要となる。このようなモデルに基いて，私たちは光近接場を介しての微小物体間の相互作用を，近接場光学の理論的取扱いの中心に据えることができ，これを従来の光学理論の範疇にある導波路などの信号伝達系といかに結び付けるか，という理論に接続することができる。現象を記述できる体系をもっているということと，それを理解するということは極めて近い関係にあると考えられる。

このようなわけで，近接場光学においては，実験的に容易であるなどの理由で，光の波長に近い比較的大きな空間的サイズをもつ現象を扱うことが，上のような切り離しを難しくするためにかえって見通しの悪いものとなってしまう。これに対して，巧妙なプローブを用意して測定を行い，光波長が本質的に重要な意味をもたないほど局所的な観測量に注目するならば，かえって現象の理解やその記述・評価が容易になる。

4. エバネッセント波とアンギュラースペクトル展開

光近接場の理論的取扱いの中心となる，微小物質系の局所的電磁相互作用の性質を考察するために，まず近接場の理解の基本となるエバネッセント波と，これを用いた散乱場のアンギュラースペクトル展開について簡単に説明し，近

接場のしみこみ深さ(penetration depth)と，これにともなう空間周波数という概念を明らかにする。そこから微小物体の光近接場の近接領域に入れたプローブでの観測という，最も重要な要素の意味が明らかになる。

4.1 光の全反射とエバネッセント波

　光近接場の最も身近な例は，いうまでもなく誘電体中を伝播する平行光線が，平坦な空気との境界で全反射するときに誘電体の表面に現れるエバネッセント波である[3,4]。エバネッセント波は，境界面に沿って伝播し，境界面から遠ざかるにつれて指数関数的に減衰する波であり，近接場光学一般の理論的記述のもっとも基本的な構成要素である。誘電体中を伝播する光と私たちが呼んでいるものは，実際は誘電体を構成する物質の分極と，分極を励起しまた分極から発生する電磁波とからなり，物質系と電磁場の結合状態の時空相関を波として表したものであると言うことができる。このような波が誘電体界面に入射したとき，誘電体表面には空間的に変調された分極が生じ，その外側の空間にはこれに伴う電磁場があらわれる。入射角が臨界角より内側であれば，表面に現れた分極は界面での反射波と同時に，誘電体の外側でも伝播する電磁波を放射するが，入射角が臨界角を越えている場合には，表面分極は空気中を伝播する電磁波を励起できず全反射する。全反射の場合にも，表面近傍には表面分極のつくる電磁場の干渉により，遠方では減衰する電磁場があらわれ，これがエバネッセント波である。

4.2 エバネッセント波と波数スペクトル

　エバネッセント波の減衰を特徴付ける長さは「しみこみ深さ」(penetration depth；λ_{pen})と呼ばれ虚数の波数($k\perp = i|k\perp|$)の逆数に相当する($\lambda_{pen}=|k\perp|^{-1}$)。これは，表面に平行な方向のエバネッセント波の伝播ベクトル($k_\parallel$)とともに，複素伝搬ベクトル($[k_\parallel, k\perp]$)をなすとみなすことができる。平坦な誘電体境界に現れるエバネッセント波は，光線の入射角と媒質の屈折率によって決まる単一の複素波数をもつ平面波である。これは，平坦境界における並進対称性により，表面に誘起された規則正しい分極の配列が作る電磁場が干渉し，遠方では減衰し表面に沿ってのみ伝播するただひとつの波を構成するためである。このような，しみこみ深さと大きな伝搬ベクトルからなる複素数の波数をもつエバネッセント波が，単なる数学的手続きではなく，原子などの微小プローブに物理的な作用を直接もたらすことが，実験的にも確認されている[5]。また，平坦な表面に誘起された分極という点では，プラズモンやエキシトンポラリトンなどの分散関係の定まった分極波も，共鳴効果による相互作用の強調を除けば，エバネッセント波と同様な表面電磁場を発生する。

　表面電磁波は，複素波数の絶対値二乗が，場の振動数(ω)と真空中の光速(c)の比の二乗に等しい，という分散関係を満足する($|k_\parallel|^2-|k\perp|^2=(\omega/c)^2$)。このために表面に平行な方向のエバネッセント波の伝搬ベクトルの大きさ($|k_\parallel|$)は，真空中を伝播する電磁波の伝搬ベクトルの大きさよりも大きい($|k_\parallel|>\omega/c$)。このことが，光の回折限界を越えた計測や制御を可能にする，近接場光学過程のもっとも重要なメカニズムである。すなわち，もし物質表面に光の波長に比べはるかに小さい領域で大きく変化するような分極分布を作れば，その分極分布を重ね合わせとして表す表面分極波のスペクトルが存在し，それぞれに対応する複素波数をもつエバネッセント波の重ね合わせとなる電磁場が誘起される。そのなかで大きい方の波数は，分極分布の空間的広がりの逆数で決まるような大きな値となり，これに対応する表面に垂直なしみこみ深さは極めて短くなる。従って，このような大きい波数成分を数多くスペクトルにもつエバネッセント波を通じて，電磁現象を選択的に観測する手法を用いれば，光の回折限界に

よらない高空間分解能計測が可能となる[6]。

4.3 光近接場とアンギュラースペクトル展開

ここで,近接場光学現象の解釈や理論的取扱いにおいて重要な,散乱場のアンギュラースペクトル表現について簡単にふれる[7]。アンギュラースペクトル表示は,任意の散乱場を,伝搬ベクトルの方位角の異なる平面波の重ね合わせとして表現する方法である。平面波というものはもちろん,空間の並進に対する不変性をもつ波動であるから,そのような対称性をもたない任意の散乱場を,通常の平面波の重ね合わせで表すことはできない。それにも関わらず,もし重ね合わせに利用する平面波に,伝播する平面波(homogeneous wave)のみでなく,エバネッセント波(inhomogeneous wave)をも利用すれば,任意の散乱場の平面波展開が可能となる。上にも述べたようにエバネッセント波は,その伝搬方位角が複素数の平面波に対応するので,アンギュラースペクトル展開は,波数の方位角を解析接続された平面波展開であるということができる。

このようにして任意の散乱場は,実波数をもつ平面波と,仮想的な平面境界に対して異なる「しみこみ深さ」と「空間周波数」をもつエバネッセント波の重ねあわせとして表すことができ,散乱問題は伝播する平面波とエバネッセント波成分それぞれが,どのようにして観測点まで伝わるかという理解し易い問題に置き替わる。また,そのスペクトルの特性,例えばスペクトルの最大値や,そのまわりのスペクトル幅などを考察することによって,散乱場から観測点に伝わる作用の近距離性や局在度などを分析することができる。アンギュラースペクトル展開のこのような特質は,近接場光学顕微鏡の原理や近接場光学現象を理解する上でたいへん重要であり,また分解能などに対する評価の尺度を与える。

4.4 スカラー散乱場の アンギュラースペクトル表示

ここではアンギュラースペクトル表示の意味を明らかにするために,まず,スカラー場の散乱問題を考察する。ベクトル場の場合は,後の節で取り扱われている。

一般に周波数の定まったスカラー入射波の物質系(ポテンシャル)による散乱場は,次のような時間依存のない散乱問題としてHelmholtz方程式を用いて表される,

$$[\nabla^2+K^2\varepsilon(r)]\varphi(r)=0. \qquad (1)$$

$K=\omega/c$ と $\varepsilon(r)$ はそれぞれ真空中の波数と物質の誘電関数で,

$$[\nabla^2+K^2]\varphi(r)=K^2[1-\varepsilon(r)]\varphi(r), \qquad (2)$$

のように,$V=K^2[1-\varepsilon(r)]$ を分離して書けば,物質系は散乱ポテンシャルとして働くという方程式となる。Helmholtz方程式は,入射場と散乱場が,
物質系に誘起された分極などのソースの場を介して結合していることを表している。

物質系が D という領域に局在し,その端に,仮想的に二つの平面境界 Σ^+ と Σ^- が張り付いていくものと考えよう[7]。その結果,全空間は散乱体の「右」(R^+)と「左」(R^-)の半空間に分けられる。私たちがとりくむ問題は,それぞれの半空間において,散乱場(φ)をソースの作る場の重ね合わせとして表すことで,次のように書ける,

$$\varphi^{(SC)}(r)=-\frac{1}{4\pi}\int_D G_0(r,r',\omega)V(r')\varphi(r')d^3r' \qquad (3)$$

上にも述べたように,散乱体である物質系が平面的なものでない場合でも,散乱角の解析接続によって,エバネッセント波までも含めた平面波での散乱場の展開が可能であり,ここで現れるグリーン関数 $G_0(r,r',\omega)$ も,いわゆる「Weyl

変換」[3]を用いて，次のように平面波による作用の伝播として表される。

$$G_0(r, r', \omega) = \frac{e^{iK|r-r'|}}{4\pi|r-r'|}$$
$$= \frac{iK}{2\pi}\int_{-\pi}^{\pi}d\beta\int_{C\pm}^{\pi}d\alpha \sin\alpha \, e^{iK\hat{s}\cdot(r-r')}. \quad (4)$$

ここで$\hat{s}$は波数の単位ベクトルに相当する複素数の組$(\sin\alpha\cos\beta, \sin\alpha\sin\beta, \cos\alpha)$で，複素積分は，例えば「右」半空間への散乱場に対して，複素α空間の積分路C^+(: 実軸上$0\to\pi/2\to$虚軸上$\pi/2\to\pi/2-i\infty$)をとる。一方「左」半空間では，C^-(: $\pi/2+i\infty \to \pi/2 \to \pi/2 \to \pi$)をとる。

アンギュラースペクトル表現の解析性については，WolfとNiet-Vesperinanseによって詳しく調べられている[7]。ここで解析性の示す興味深い点は，散乱場にはそれを平面波で展開した場合，必ず伝搬波とエバネッセント波が両方含まれるという点である。すなわち，遠方で観測される電磁波だけではなく，散乱体のまわりには，遠方では減衰するエバネッセントの成分が必ず存在する，ということである。近接場光学では，この成分を減衰距離の範囲内にある近接した場所で拾うことにより，光の波の回折限界に制限されないナノフォトニクスを実現しようとする試みである。すなわち，エバネッセント波の複素波数の実部は，仮想的平坦境界の並進対称性に関するベクトルをなし，対応する実の波数の大きさは散乱体の形状に応じたはげしい空間的振動を含み，これに対応する虚部は短いしみこみ深さを表す。従って，もし散乱体の近傍に観測点をおけば，このような高い空間周波数成分の観測が可能である。例えば，近接場光学顕微鏡の場合には，散乱場に含まれる実波数の大きな成分を，それが減衰するよりも近傍までプローブを近付けて観測することによって，ナノメーター領域にいたる高い分解能を得ている。

マクロな物質系と光の相互作用においても，ミクロな物質からの散乱がその素過程となっている。このときマクロな物質の部分系による散乱場にはやはり，エバネッセント波成分が含まれているわけだが，物質の連続性により虚数の積分路に相当する成分には位相差がなく，全て打ち消し合って，見かけ上伝搬する波のみで相互作用が構成されているように見える。物質系に不連続性のある表面では入射波散乱波の位相差が生じ，このような打ち消しができなくなり，エバネッセント波成分が半空間にあらわになるのである[1]。

4.5 場の局所性と波数スペクトル

アンギュラースペクトルで表示された散乱場と，その局所性との関係を具体的に見るために，単一の電気双極子の作る放射場のアンギュラースペクトル表示を，観測点までの距離をパラメーターにとって計算した例を示す[8]。

電気双極子からの動径をrで表すと，観測点が双極子の近傍に近付くにつれて，双極子場の$(1/r)^3$に依存する強度変化が主要となってくる。双極子からzの距離にある仮想平面を境界にとって，電気双極子場のアンギュラースペクトル展開を行うと，エバネッセント波に相当する複素波数部分のスペクトルは，空間周波数で表示して**図1**のようになる。アンギュラースペクトルは，ほぼ$2/z$に等しい空間周波数で最大値を持ち，その近傍でのスペクトル幅は，空間周波数でおよそ$2/z$の広がりを持つ。スペクトルのピークは，双極子に近付いて観測するほど，場の含むエバネッセント波成分の波数が大きくなることを示し，またスペクトル幅は，そのような場の主要部分が空間的に局在している程度を示している。

5. まとめ

この節では，近接場光学の理論的取扱の紹介に先立ち，近接場光学現象の特徴とその記述の関連について議論し，そこでの中心的な課題である微小物体の光近接場相互作用について，エ

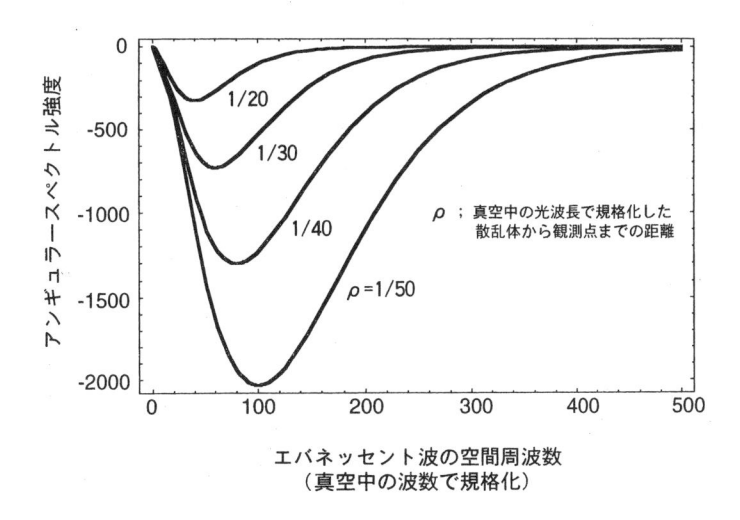

図1 微小電気双極子の散乱場のアンギュラースペクトル強度
双極子から観測点（展開のための仮想平面境界）までの距離に依存した各エバネッセント波成分の重み

バネッセント波と散乱場のアンギュラースペクトル展開を用いて解析した。

引き続き2節では古典電磁気学的取扱いによる近接場相互作用と信号の伝達について，3節では表面素励起など共鳴のある場合も含め数値計算による取扱いの具体例を，4節では近接場相互作用の散乱問題としての定式化と，自己無撞着に依る数値計算や近接場顕微鏡像の評価などの取扱いが紹介される。さらに5節では，近接場条件というものがどのように理論的取扱いを整理し，また問題を簡単化することを許し，直感的な像解釈に結びつくかという問題が取り扱われている。

このような電磁場の取扱いからさらに発展し，メゾスコピックな物質の電子系のふるまいまで含めて，近接場の問題を取り扱う方法の研究も研究されているが，これについては文献などを参照されたい[9]。

本章で示される種々の理論的取扱いを大きな視点から眺めることで，多様な側面を持つ近接場光学現象の本質的な意味が明らかになることと思う。

（堀　裕和）

参考文献

1) M. Ohtsu and H. Hori, "Near-Field Nano-Optics" (Plenum, New York, tobe published).
2) 堀，"フォトン走査トンネル顕微鏡とその理論的解釈"，応用物理 vol.61 (1992) 612-616.
3) M. Born and E.Wolf, "Principles of Optics", 3rd ed., (PergamonPress, Oxford, 1965).
4) 諸，堀，"エバネッセント波とは何か？"，パリティー，vol.11 (1996) 14-22.
5) T. Matsudo, H. Hori, T. Inoue, H. Iwata, Y. Inoue and T. Sakurai, "Direct detection of evanescent electromagnetic waves at a planar dielectric surface by laser atomic spectroscopy", Phys. Rev. A, vol.55 (1997) 2406-2412.
6) H. Hori, "Quantum optical picture of photon STM and proposal of single atom manipulation", in "Near-Field Optics", D. W. Pohl and D. Courjon eds., (Kluwer Academic Publishers, Dordrecht, 1993) 105-114.
7) E. Wolf and M. Niet-Vesperinas, "Analyticity of the angular spectrum amplitude of scattered fields and some of its consequence", J. Opt. Soc. Am. A, vol.2 (1985) 886-890.
8) T. Inoue and H. Hori, "Represeentations and transforms of vector field as the basis of near-field optics", Opt. Rev., vol.3 (1996) 458-462.
9) 張，石原，大淵，"メゾスコピック系の非局所光学応答"，日本物理学会誌，vol.52 (1997) 343-349.

現状の理論の概要と問題点(2)
古典電磁気学的取り扱い

1. ファイバプローブの電磁気学

　近接場光学顕微鏡の像解釈に深く関わる光ファイバプローブの解析を古典電磁界理論に基づいて行うことにより,近接場光学における古典電磁学的取り扱いを示す。

　ファイバプローブの詳しい構造や近接場光学顕微鏡に関しては本書の他の部分に詳しく解説されているのでそちらをご参照願いたいが,透過型近接場光学顕微鏡のファイバプローブを電磁気学的に解釈すれば,試料表面に発生した近接場(非伝播光)をプローブ先端で①散乱させて伝播光に変換し,発生した伝播光を②検出器まで導く2つの役目を果たしている。このような役目を持つファイバプローブの解析は電磁気学的には散乱,導波問題として定式化できる。ただし,一般の伝播光を対象とした散乱,導波問題と異なり,ファイバプローブの解析では非伝播光である近接場に浸された物体の散乱,導波問題として取り扱う必要がある。しかし,非伝播光は電磁気学ではエバネセント波として古くから知られており,光の近接場も電磁気学的にはエバネセント電磁波として取り扱うことができる。

　ファイバプローブにおける散乱,伝播問題においては,プローブが光ファイバを加工して製作されていることを考慮する必要がある。すなわち,プローブは先端でエバネセント波を伝播光に変換するが,変換された全ての伝播光がプローブ内部を伝播して検出器まで導かれることはない。光ファイバ内部を伝播できる電磁界は導波モードと呼ばれる特定の電磁界である。さらにファイバプローブ先端のように,その大きさが伝播電磁界の波長に比較して小さい場合には,ファイバ先端から伝播できる電磁界モードは遮断波長を持たないHE_{11}モード[1]のみとなる。従って,プローブにおける伝播問題ではこのことを考慮し,ファイバの電磁界モードを積極的に利用した解析を行う必要がある。また,光ファイバの遮断波長を持たない導波(HE_{11})モードに対する導波問題では,スカラ対応の導波モードが記述できないため,複雑ではあるがベクトル波で解析を行なわなければならない。ただし,ベクトル波動関数[2,3]を利用した手法を用いれば,ベクトル波による解析の効率を高めることができる。

2. ベクトル波動関数

　ファイバプローブにおける問題では,座標系

現状の理論の概要と問題点(2) 古典電磁気学的取り扱い

関数としての性質を有する。

$$\left.\begin{matrix}\boldsymbol{j}_m^1(\lambda r)\\ \boldsymbol{h}_m^1(\lambda r)\end{matrix}\right\} \equiv \zeta_m(\lambda r)\boldsymbol{a}_r + \eta_m(\lambda r)\boldsymbol{a}_\theta ,$$

$$\left.\begin{matrix}\boldsymbol{j}_m^2(\lambda r)\\ \boldsymbol{h}_m^2(\lambda r)\end{matrix}\right\} \equiv \eta_m(\lambda r)\boldsymbol{a}_r - \zeta_m(\lambda r)\boldsymbol{a}_\theta + \Psi_m(\lambda r)\boldsymbol{a}_z \quad (5)$$

$$\psi_m(\lambda r) \equiv \frac{\lambda}{k}\phi_m(\lambda r), \quad \zeta_m(\lambda r) \equiv \frac{\beta}{k}\frac{m}{\lambda r}\phi_m(\lambda r),$$

$$\eta_m(\lambda r) \equiv \frac{i\beta}{k}\phi'_m(\lambda r), \quad m=0, \pm 1, \pm 2,\ldots \quad (6)$$

ここで、ベッセル関数 ϕ_m が

$$\phi_m(\lambda r) = \begin{cases} J_m(\lambda r) \\ H_m^{(1)}(\lambda r) \end{cases}, \quad (7)$$

$$\phi'_m(\lambda r) = \frac{d\phi_m(\lambda_m)}{dr} = \begin{cases} J'_m(\lambda r) \\ H_m^{(1)\prime}(\lambda r) \end{cases}$$

であるに応じてベクトルベッセル関数は $\boldsymbol{j}_m$, $\boldsymbol{h}_m$ の記号を用いるものとする。また、$\lambda = i\tau$, $\tau = \sqrt{\beta^2 - k^2}$ の場合は

$$\boldsymbol{k}_m^\nu(\tau r) \equiv \frac{\pi i}{2} i^m \boldsymbol{h}_m^\nu(i\tau r), \quad \nu = 1, 2 \quad (8)$$

で表す。

3. 円筒電磁波

外部放射、外部エバネセント場を含まない円筒内部のベクトル電磁界はスカラ場の場合と同様にベクトル円筒調和関数を用いて簡単に表現できる。例えば、電磁界がTE波である場合にはTE波の電界方向が式(5)に示すベクトルベッセル関数 $\boldsymbol{j}_m^1(\lambda r)$ の方向となるため、電界成分 $\boldsymbol{E}_m^{TE}(\boldsymbol{r})$ は $\boldsymbol{j}_m^1(\lambda r)$ で表さなければならない。一方、磁界成分は電界と直交するため $\boldsymbol{j}_m^1(\lambda r)$ と直交する $\boldsymbol{j}_m^2(\lambda r)$ で表現する必要がある。以上のことを考慮すると円筒内部のTE(S偏光、水平偏波)ベクトル円筒波は

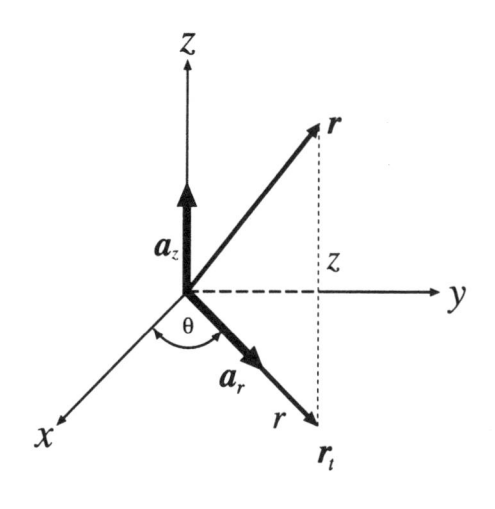

図1 円筒座標

としては円筒座標系(**図1**参照)、ベクトル波動関数としてはベクトル円筒調和関数を用いる。円筒座標単位ベクトルを $\boldsymbol{a}_r, \boldsymbol{a}_\theta, \boldsymbol{a}_z$ で表すことにし、他の基本ベクトル、記号を以下のように定める。

位置ベクトル:
$$\boldsymbol{r} = (\boldsymbol{r}_t, z) = r\boldsymbol{a}_r - z\boldsymbol{a}_z \quad (1)$$

波数ベクトル:
$$\boldsymbol{k} = (\boldsymbol{k}_t, \beta) = \lambda\boldsymbol{a}_r + \beta\boldsymbol{a}_z, \quad \lambda \equiv |\boldsymbol{k}_t(\beta)| \equiv \sqrt{k^2 - \beta^2} \quad (2)$$

水平偏波ベクトル:
$$\boldsymbol{a}_H(\boldsymbol{k}) \equiv \frac{\boldsymbol{k}_t}{\lambda} \times \boldsymbol{a}_z = -\boldsymbol{a}_\theta \quad (3)$$

垂直偏波ベクトル:
$$\boldsymbol{a}_V(\boldsymbol{k}) \equiv \frac{\boldsymbol{k}}{k} \times \boldsymbol{a}_H(\boldsymbol{k}) = \frac{\beta}{k}\frac{\boldsymbol{k}_t}{\lambda} - \frac{\lambda}{k}\boldsymbol{a}_z \quad (4)$$

ベクトル円筒調和関数はベクトルヘルムホルツ方程式を満たすベクトル波動関数であり、半径 r 方向の電磁界の変化を表すベクトルベッセル関数、周(θ)方向の電磁界の変化を表す角度因子 $\exp(im\theta)$ と z 軸方向の因子 $\exp(i\beta z)$ の積として定義できる。ベクトルベッセル関数は次式で定義される関数であり、スカラ波におけるベッセル関数と同様な役割を果たし、直交性を含む波動

―31―

$$E_m^{TE}(r) = j_m^1(\lambda r) e^{im\theta + i\beta z},$$
$$H_m^{TE}(r) = \frac{1}{Z_{TE}} j_m^2(\lambda r) e^{im\theta + i\beta z},\qquad (9)$$

$$Z_{TE} \equiv Z_{TE}(\beta) = \frac{k}{\beta}\zeta,\ \zeta = \sqrt{\mu/\varepsilon} \qquad (10)$$

となる。このベクトル円筒調和関数によるTEベクトル円筒波の表現はスカラ波の場合と全く同形の表現であり、ベッセル関数をベクトルベッセル関数に置き換えた表現となる。この様にベクトル波動関数を用いれば、スカラ波の場合のように見通し良く電磁界の形を決定することができる。

円筒内部のTM波（P偏光、垂直偏波）の場合も同様な議論によりベクトル円筒調和関数を用いて書け、さらに外部の放射場、エバネセント波の場合でもそれぞれベクトルベッセル関数を $j_m^\nu \to h_m^\nu, k_m^\nu$ に置き換えればよい。

一方、任意のスカラ波がベッセル関数で展開できるように、円筒調和関数系も2乗可積分可能な関数に対して完備な直交系をなすため、任意のベクトル電磁界をベクトル円筒調和関数で展開することができる。さらに、ベクトル波動関数による電磁界の展開は、通常の平面波、円筒波だけでなくエバネセント波の場合にも同様に適応できる。

4. 光ファイバの電磁界モード

近接場光学顕微鏡用のファイバプローブには、色々な組成、構造の光ファイバを加工して使用するが、解析を容易にするため均一コア光ファイバをプローブのモデルとし、解析にも均一コア光ファイバの導波モードを用いる。

ここでは光ファイバのコアの半径を a とし、内部（コア）と外部（クラッド）の屈折率と諸定数を表1として解析を行う。ただし、透磁率は内外部で μ_0 一定とし、$\zeta \equiv \sqrt{\mu_0/\varepsilon_0}$ とする。また、ファイバプローブは z 方向に一様なファイバとする。

4.1 導波電磁界モード

光ファイバの導波モードはよく知られているように、TE波（S偏光、水平偏波）、TM波（P偏光、垂直偏波）の混成モードであり、その伝搬定数は特性方程式[4]の根より定まる。導波モードの電界の z 軸成分 E_z と磁界の z 軸成分 H_z の相対的な比として定義される P_m は、特性方程式を用いて次式で書ける：

$$P_m = \frac{|m|\left(\dfrac{1}{u^2}+\dfrac{1}{w^2}\right)}{\dfrac{J'_m(u)}{uJ_m(u)}+\dfrac{K'_m(w)}{wK_m(w)}},\quad m=0,1,2,\ldots \quad(11)$$

式中の u, w は特性方程式で用いられるコア内の正規化横方向位相定数、クラッドの正規化横方向減衰定数をあらわす：

$$u^2 + w^2 = v^2,\ u \equiv \lambda a,\ w \equiv \kappa a \qquad (12)$$

P_m は導波モードにおける偏波の状態、TE波、TM波の混成の状態を表すパラメタであり、P_m の値により導波モードは次のように分類される。

$$P_0 = \begin{cases} 0 & ;\ TM_{0n}\text{モード} \\ \infty & ;\ TE_{0n}\text{モード} \end{cases} \qquad (13)$$

$P_m > 0$ ； EH_{mn} モード, $m \geq 1$
$P_m < 0$ ； HE_{mn} モード, $m \geq 1$

	屈折率	波数	誘電率	電波インピーダンス	動径波数
内部	n_1	$k_1 = n_1 k$	$\varepsilon_1 = n_1^2 \varepsilon_0$	$\zeta_1 \equiv \sqrt{\mu_0/\varepsilon_1}$	$\lambda = \sqrt{k_1^2 - \beta^2}$
外部	n_2	$k_2 = n_2 k$	$\varepsilon_2 = n_2^2 \varepsilon_0$	$\zeta_2 \equiv \sqrt{\mu_0/\varepsilon_2}$	$\kappa = \sqrt{\beta^2 - k_2^2}$

表1　均一コア光ファイバの諸定数

ファイバプローブの導波モードはTE波とTM波の混成モードであり，P_mとTE, TMベクトル円筒波を用いて，コア内部($r<a$)は

$$E_m(r,\beta) = [j_m^2(\lambda r) - iP_m j_m^1(\lambda r)]e^{im\theta + i\beta z} \quad (14)$$

$$H_m(r,\beta) = \left[\frac{1}{Z^1_{TM}}j_m^1(\lambda r) + iP_m \frac{1}{Z^1_{TE}}j_m^2(\lambda r)\right]e^{im\theta + i\beta z} \quad (15)$$

と書ける。同様にコア外部($r<a$)の電磁界は

$$E_m(r,\beta) = \xi_m[k_m^2(\kappa r) - iP_m k_m^1(\kappa r)]e^{im\theta + i\beta z} \quad (16)$$

$$H_m(r,\beta) = \xi_m\left[\frac{1}{Z^2_{TM}}k_m^1(\kappa r) + iP_m \frac{1}{Z^2_{TE}}k_m^2(\kappa r)\right]e^{im\theta + i\beta z} \quad (17)$$

$$\xi_m \equiv \frac{\lambda J_m(\lambda u)}{\kappa J_m(\kappa u)} \frac{n_2}{n_1} \quad (E_z, H_z \text{の連続条件より}) \quad (18)$$

と書ける。ただし，Z^1_{TE}の上添字1はコア内部を，上添字2はコア外部を意味する。

これらの式で$\beta>0$としたものは前進波E_m^+, H_m^+，また$\beta\to -\beta$としたものは後進波E_m^-, H_m^-を表す。電磁界モードの周(θ)方向の角度因子$\exp(im\theta)$, $m=0, \pm1, \pm2,...$を$\sin m\theta, \cos m\theta$, $m=0,1,2,...$で表現する方が実際の計算が容易な場合がある。そのため，$\sin m\theta, \cos m\theta$の形式を用いる場合には，電磁界の下添字$m$の後ろに±を付けて明示する。

4.2 導波電磁界モード展開

z方向に一様な導波路に沿って，伝搬定数$\Gamma_m = \alpha_m + i\beta_m$で$z$方向に伝播する導波モードの電磁界[5] $E_m^\pm, H_m^\pm$を

$$\left.\begin{array}{l}E_m^+ = (e_m + e_{mz})e^{-\Gamma_m z}\\ H_m^+ = (h_m + h_{mz})e^{-\Gamma_m z}\end{array}\right\} (+z\text{方向}),$$
$$\left.\begin{array}{l}E_m^- = (-e_m + e_{mz})e^{\Gamma_m z}\\ H_m^- = (h_m - h_{mz})e^{\Gamma_m z}\end{array}\right\} (-z\text{方向}) \quad (19)$$

と記述する。ただし，e_m, h_mは横方向（同じ断面内）のベクトル関数，e_{mz}, h_{mz}は，z方向のベクトル関数を表す。

ここでSを円筒断面とし，次のように規格化因子

$$N_m \equiv \int_S (e_m \times h_m) \cdot dS \quad (20)$$

を定める。この導波モードは次の双直交条件

$$\int_S (e_m \times h_k) \cdot dS = 0, \quad \Gamma_m \neq \Gamma_k \quad (21)$$

を満し，放射モード$E_R^\pm, H_R^\pm$と直交する。

導波モード電磁界の励振源が電流密度J，磁流密度Mである場合を考える。J, Mが$z=0$に集中する時，導波路の全電磁界は

$$\left.\begin{array}{l}E = \sum_m a_m E_m^+ + E_R^+\\ H = \sum_m a_m H_m^+ + H_R^+\end{array}\right\} (z>0),$$
$$\left.\begin{array}{l}E = \sum_m b_m E_m^- + E_R^-\\ H = \sum_m b_m H_m^- + H_R^-\end{array}\right\} (z<0) \quad (22)$$

で表される[5]。図2のように導波路を含む円筒面S（$z=z_1, z_2$における2つの円筒板$S-$, $S+$, $r=\infty$の円筒面）に対してローレンツの相反定理を適用すると[5]，

$$\nabla \cdot (E_m^\pm \times H - E \times H_m^\pm) = -E_m^\pm \cdot J + H_m^\pm \cdot M \quad (23)$$

となる。ここで，Sの内向き法線ベクトルをn, J, Mの分布領域をVとして式(23)の両辺を積分すれば，

$$\int_S (E_m^\pm \times H - E \times H_m^\pm) \cdot n dS \\ = \iiint_V J \cdot E_m^\pm dV - \iiint_V M \cdot H_m^\pm dV \quad (24)$$

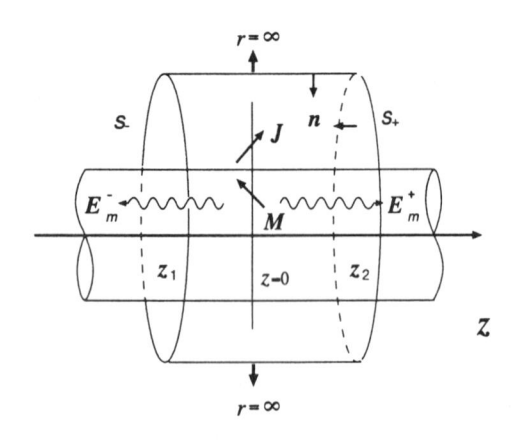

図2　円筒形積分面

となる。

(19), (20)−(22)を用いて左辺を計算し，J, Mにより励振される展開係数a_m, b_mを分離して表せば

$$a_m \equiv a_m^J + a_m^M, \quad b_m \equiv b_m^J + b_m^M \tag{25}$$

$$\left.\begin{aligned} 2N_m a_m^J &= \iint_V \boldsymbol{J} \cdot \boldsymbol{E}_m^- dV \\ 2N_m a_m^M &= -\iint_V \boldsymbol{M} \cdot \boldsymbol{H}_m^- dV \end{aligned}\right\},$$

$$\left.\begin{aligned} 2N_m b_m^J &= \iint_V \boldsymbol{J} \cdot \boldsymbol{E}_m^+ dV \\ 2N_m b_m^M &= -\iint_V \boldsymbol{M} \cdot \boldsymbol{H}_m^+ dV \end{aligned}\right\} \tag{26}$$

となる。

5. ファイバプローブにおける導波モードの励起

光ファイバの導波モードにはTE_{0n}, TM_{0n}, HE_{mn}, EH_{mn}モードがあるが，ファイバプローブ先端は十分細く，光ファイバの主モードであるHE_{11}のみが伝播可能であり，他のモードはすべて遮断状態にある[4]。さらに，プローブ先端ではコアがむきだしとなり，波長以下の細く尖ったコア部分が近接場のプローブとして動作する。

このことを考慮して計算ではコア内部($r<a$)の屈折率を$n_1 = n$，クラッド(外部：$r>a$)では$n_2 = 1$とする。一方，外部入射波によりプローブ先端に励振された導波モードの内，ファイバ内で遠方($z \to \infty$)へはHE_{11}モードのみが伝播し，徐々に径が太くなって通常のシングルモードファイバのHE_{11}モードに移行するものとみなす。そのため，ファイバプローブ内部を導波して検出器で測定される光は無限遠方で観測されるHE_{11}モードの進行波電磁界

$$\begin{aligned} \boldsymbol{E}(\boldsymbol{r}) &\sim a_{1\pm} \boldsymbol{E}_{1\pm}(r, \theta; \beta) e^{i\beta z}, \\ \boldsymbol{H}(\boldsymbol{r}) &\sim a_{1\pm} \boldsymbol{H}_{1\pm}(r, \theta; \beta) e^{i\beta z} \end{aligned} \tag{27}$$

であり，検出エネルギーは式(27)の電磁界が持つ光エネルギー(電力)流

$$\mathscr{P}^{1\pm} = \frac{1}{2} |a_{1\pm}|^2 N_1 \tag{28}$$

として与えらる。

ファイバ内部の電磁界は壁面上の表面電流$\boldsymbol{J} = \boldsymbol{n} \times \boldsymbol{H}^0$，表面磁流$\boldsymbol{M} = -(\boldsymbol{n} \times \boldsymbol{E}^0)$により励起されるものとし[6]，壁面上の表面電流，表面磁流は1次近似としてプローブが浸る外部のエバネセント場$\boldsymbol{E}^0(\boldsymbol{r}), \boldsymbol{H}^0(\boldsymbol{r})$により励起されるものとする。$HE_{mn}$モードの場合，モード量子数は$(m, n, \pm)$で記述するが，表面積分の角度に関する積分においては，入射円筒波・導波モードは同一の角度モード$(m, \pm)$の組合せに対応する表面積分のみが残り，他の組合せによる積分は直交性により消え，角度量子数mに対しての表面積分のみを計算すれば十分である(HE_{11}の場合は$m = 1$)。

従って，式(26)の積分をプローブ表面のみで行い，展開係数a_mを決定すれば，近接場と近接場からファイバプローブが取り出す光エネルギーの関係が分かる。

ファイバプローブの先端は波長以下に尖らせてあるが，エバネセント波の広がりの範囲(〜

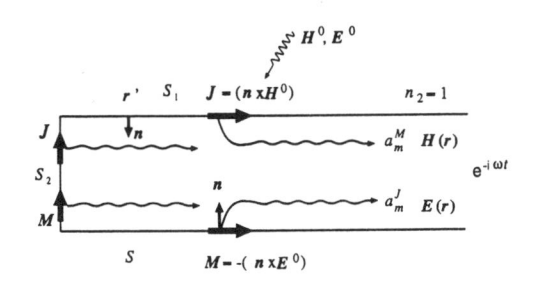

図3 半径aの半無限誘電体円筒を包む側面S_1および底面S_2

ℓ:波長）では円筒形で近似することが可能であり，ファイバプローブを円筒形プローブとし，**図3**の様な半径$a(<\ell)$の半無限長誘電体円筒と近似して，無限円筒を包む側面S_1，底面S_2で囲まれた円筒形領域に関して式(26)の積分を行えばよい[2,7]。また，円筒形ではなくペンシル形のモデルを仮定するならば，底面S_2に代わって円錐面S_3の積分を行えばよい[3,8]。

式(26)より励起モードの展開係数$a_m^J + a_m^M$を与える表面積分のうち，外部からの入射電磁界がTEエバネセント波の場合について側面S_1からの寄与を計算すれば

$$N_m a_{m\pm}^{TE,J} = -\frac{a}{2}\int_0^{2\pi} d\theta \int_0^\infty dz\, (\boldsymbol{H}_{TE}^0 \times \boldsymbol{E}_{m\pm}^-)_r, \quad m=0,1,2,\ldots \tag{29}$$

$$a_{m-}^{TE,J} = -\frac{i^m a\pi}{i(\beta-\gamma^*)} \times \{\zeta_m(\mu^* a)\psi_m(\lambda a) - \psi_m(\mu^* a)[\zeta_m(\lambda a) + iP_m \eta_m(\lambda a)]\}, \quad a_{m+}^{TE,J}=0 \tag{30}$$

$$N_m a_{m\pm}^{TE,M} = -\frac{a}{2}\int_0^{2\pi} d\theta \int_0^\infty dz\, (\boldsymbol{E}_{TE}^0 \times \boldsymbol{H}_{m\pm}^-)_r, \quad m=0,1,2,\ldots \tag{31}$$

$$a_{m-}^{TE,M} = -\frac{i^m a\pi}{i(\beta-\gamma^*)}\frac{\zeta k}{\gamma^*}\frac{iP_m}{Z_{TE}^1}\eta_m(\mu^* a)\psi_m(\lambda a), \quad a_{m+}^{TE,M}=0 \tag{32}$$

となる。ただし，規格因子は

$$N_m = \pi a^2 \frac{\beta^2}{4k^2 n^2}\left\{(S_1-T_1)+(S_1+T_1) + \left[\frac{uJ_m(u)}{wK_m(u)}\right]^2[(S_2-T_2)+(S_2+T_2)]\right\} \tag{33}$$

$$S_1 \pm T_1 \equiv \frac{\beta}{k\zeta}\left[P_m^2 + \frac{n^2 k^2}{\beta^2} \pm P_m\left(1+\frac{n^2 k^2}{\beta^2}\right)\right] \times [J_{m\pm1}^2(u) - J_{m\pm2}(u)J_m(u)] \tag{34}$$

$$S_2 \pm T_2 \equiv \frac{\beta}{k\zeta}\left[P_m^2 + \frac{k^2}{\beta^2} \pm P_m\left(1+\frac{k^2}{\beta^2}\right)\right] \times [K_{m\pm2}(w)K_m(w) - K_{m\pm1}^2(w)] \tag{35}$$

であり，μ^*, γ^*は波数ベクトルkの横成分，z成分を表す。

S_2からの寄与に関しても全く同様に計算でき，外部電磁界がTM平面波や他の任意の電磁界であっても，全く同様の手続きで$a_{m\pm}$が求められる。従って，近接場とプローブにより検出できる光のエネルギーの関係が明らかになる。**図4**にペンシル形プローブの電力利得の一例を示す。

6. 問題点

古典電磁気学的な扱いで近接場を取り扱った場合，電磁界がベクトル関数となるため，その取り扱いはどうしても複雑にならざるを得ない。ここに示したファイバプローブの解析でも，実際の計算は繁雑であり，非常に複雑なものとな

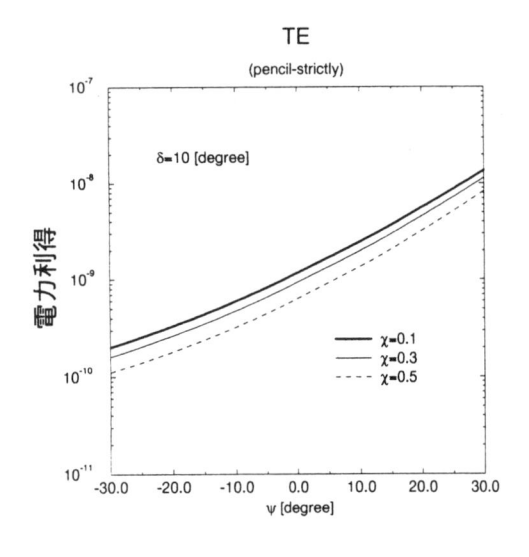

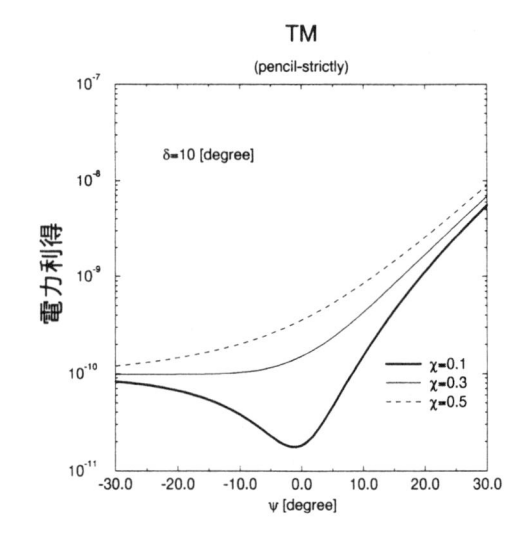

図4 ペンシル形プローブの電力利得
円錐部分の開き角(δ)が10°であるペンシル形プローブにTE, TM平面波がΨの角度で入射した場合の電力利得。$\sinh(\chi)\cos(\Psi)$が入射エバネセント波の減衰定数を表し、入射角度が+90°の場合に入射波とプローブ内電磁界の伝搬方向が一致する

るため細部は省略して概略のみを示すことしかできなかった。この複雑さのため、ファイバプローブの解析では、プローブがエバネセント場の海に浸っている、またはプローブに対してエバネセント波が入射しているとして解析を行っており、近接場の発生を自明のこととしている。しかし、実際はプローブと試料が近接場を介して相互作用を行っており、今回の解析ではまだ十分とは言えない。従って、試料表面でのエバネセント波の発生を考慮し、試料とファイバプローブの相互作用まで含めた系で解析する必要がある。また、ファイバプローブ先端は電磁界の波長に比較して非常に小さく、どのような大きさまで古典電磁気学的な取り扱いが可能であるかは、今後の解析と実験結果の比較によって明らかにする必要がある。

(高橋 信行)

参考文献

1) 岡本勝就: 光導波路の基礎, コロナ社, 1992.
2) 梅田充, 小倉久直, 高橋信行, 北野正雄: 光ファイバによる表面波プローブの解析, 輻射科学研究会資料, RS92-11, 1992.
3) 梅田充, 小倉久直, 高橋信行, 北野正雄: 光ファイバによる表面波プローブの解析II, 輻射科学研究会資料, RS93-8, 1993.
4) 宮城光信: 光伝送の基礎, 昭晃堂, 1991.
5) Robert E. Collin: Field Theory of Guided Waves, Second Edition, *IEEE PRESS*, 1991.
6) Lepold B. Felsen and Nathan Marcuvitz: Radiation and Scattering of Waves, IEEE PRESS Series on Electromagnetic Waves, *IEEE PRESS*, 1994.
7) 高橋信行, 若山浩二, 梅田充, 小倉久直, 北野正雄: 光ファイバによるエバネセントプローブの解析, 電磁界理論研究会資料, EMT-93-45, 1993.
8) 梅田充, 高橋信行, 小倉久直, 北野正雄: 光ファイバによる表面波プローブの解析II, 電磁界理論研究会資料, EMT-93-60, 1993.

現状の理論の概要と問題点（3）
コンピュータによる近接電磁場の計算

　近接場顕微鏡において，プローブと試料は互いに多重に励振・散乱を繰り返すという相互作用の系を構成する。このような近接場顕微鏡のシステムは，インピーダンスが極めて高い回路をオシロスコープで測定するシステムに対応させることができる[1]。ハイ・インピーダンスの回路は，プローブを回路につなげることによってオシロスコープの回路を含めた系として考えなくてはならなくなり，プローブのないときの信号と異なる出力をオシロスコープ上に表示する。熱容量がきわめて小さな試料を温度計で測定すると，温度計によって試料の温度が変わってしまうし，STMで結晶構造を測定することによって，結晶をきれいに並べ直すこともあり得る。計測法とは本来，常にこのようなプローブと非測定対象との相互作用を考慮しなければならない筈であるが，多くの場合，プローブが乱す量は信号に対して十分微弱であるとの仮定・近似が成立し，プローブの影響を無視する[1]。近接場顕微鏡の場合は，測定対象は波長より十分小さく，関わるフォトンの数は微量であり，プローブのサイズは試料構造と同程度であることより，このような仮定は成立しない。結局，ニアフィールド光学顕微鏡で得られた出力画像は，観察するべき試料の構造分布と異なる。そこで「逆問題」ということになるのだが，現在では，まだそれを取り扱うことのできる研究段階に達していない。ここでは，試料構造とプローブは，その一体の系においてどういう場を作りどういう画像を出力するのだろうかという「順問題」の研究成果の一部を紹介する[2~4]。

　Girardは，プローブを単一の双極子，試料を配列された有限個数の双極子群として，自己無撞着な手法で場を計算し，その出力を見積もる手法を提案した[5]。しかし，原子一つずつを考えていては全体システムは見えてこない。もっとマクロ（サイズはミクロン以下であるが）な推定法が必要である。有限要素法や境界要素法などのMaxwell電磁方程式を基礎にした電磁場解析法を用いれば，もっとマクロにニアフィールドの電磁場を計算することができうる。しかし，これらの数値計算法は試料とプローブごとに立式が必要であり（それには手作業が必要で，自動化できない），計算容量も膨大で，実際の試料とプローブの3次元形状，物質分布，位置をモデル化して計算することは，残念ながら現在のコンピュータでは不可能である。立式が不要で計算容量が現実的であるためには，ストレートにMaxwellの電磁方程式を3次元空間＋時間の4次元においてそのまま計算するFDTD

第Ⅱ部　理論編

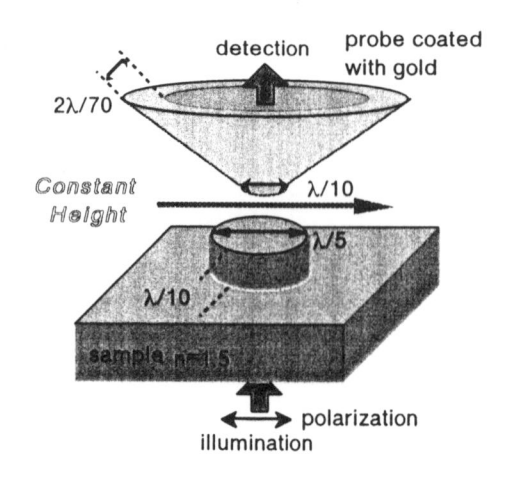

図1　ニアフィールド光学顕微鏡の光学配置モデル[2]

(Finite Differential Time Domain)法が，有望な手法の一つである。図1に示す光学配置モデルは，実際に我々が試作した赤外光を用いたニアフィールド光学顕微鏡[6]のそれに対応している。試作した赤外ニアフィールド光学顕微鏡では，円錐形の誘電体プリズムに金をコートしたものをプローブとして用い，ミクロトームで薄膜状にスライスされた試料の反対側から赤外光を入射し，試料表面を走査するプローブの先端における散乱光をプローブの反対側で検出する。試料は誘電体であり，波長の$\lambda/5$の径と$\lambda/10$の高さをもつ円盤上の突起とした。図2は，突起の中心を通る断面の電磁場分布である。そこにはプローブは近づいていない。図2(a)は走査方向が入射光の振動面に平行（p偏光），(b)は垂直（s偏光）の断面電場分布である。電場の分布は偏光方向によって異なり，p偏光では突起のエッジ部で強い場が局在している。

この試料にプローブが近づいて試料上を走査すると，試料とプローブのニアフィールドで電場は図3のように変わる（p偏光のみ表示）[2]。プローブが近づくと，プローブに近い側の試料のエッジの場の強度が下がり，プローブが試料の真上にあるときは両側のエッジの場の強度が下がる。そのとき光はプローブを通して検出器側に送られる。検出器で得られる信号を構成してできた画像は，電場の強度分布とは異なり，むしろ試料の構造と似たものとなる（図3(b)）。ニアフィールド光学顕微鏡像は，意外に試料の構造を良く表しているのである。

ただ，実際のニアフィールド光学顕微鏡では，プローブは図3のように「一定高度」を走査することはなく，試料から常に「一定距離」の軌跡をたどる。これは，プローブの位置制御に走査トンネル顕微鏡(STM)や原子間力顕微鏡(AFM)などの他の走査プローブ顕微鏡法が用いられるからである。このとき，得られる画像は実際の

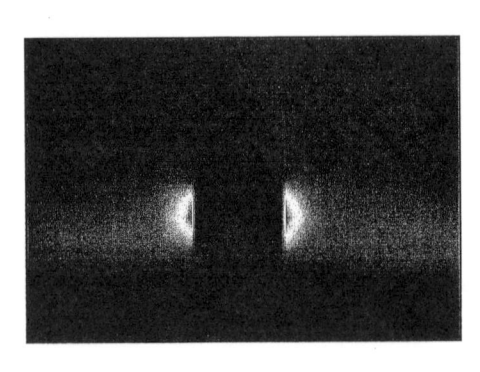

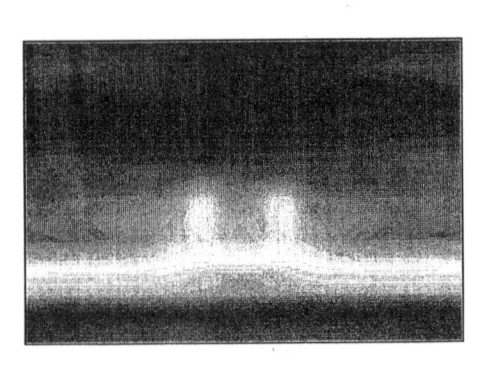

図2　突起近傍の電磁場分布（プローブは近づいていない）[2]
(a) P偏光　(b) S偏光

―38―

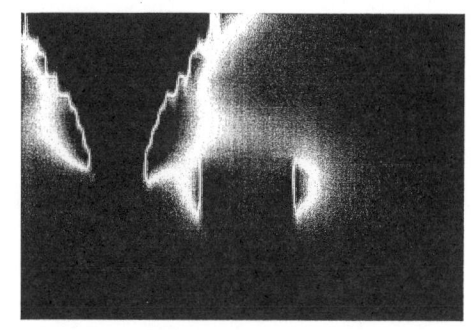

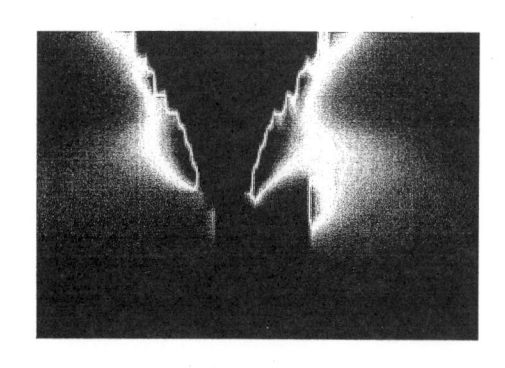

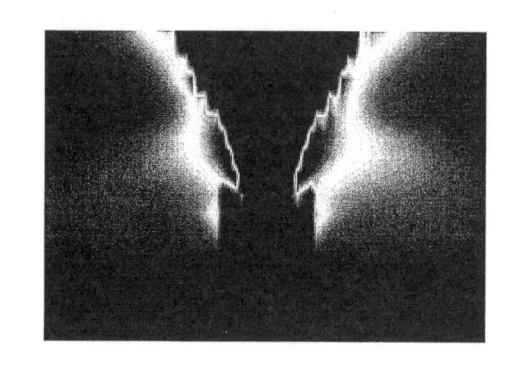

図3 プローブが試料近傍に存在するときの解析結果[2]
(a) 電磁場分布　(b) 再構成画像

試料の構造とは異なることが、やはり計算結果から知られている。そこで、精度ある一定高度走査の装置・技術が必要であるが、それらは研究の段階である。また、ここで示した例では、突起部分の大きさとプローブの大きさ（開口部だけでなく金属コーティングを含めた大きさ）が同程度であったが、得られる像にはプローブサイズに依存する空間バンドパスフィルタリング特性があることも、知られている。

このように、ニアフィールド光学顕微鏡で得られる信号は、プローブのサイズや形状、材質、プローブと試料との距離、試料の形状と物質分布、さらには入射光の偏光特性や照明の方向などに大きく依存する。そのような画像データから、いかに実際の試料構造を再現するか？少なくとも、

①測定パラメータがすべてわかっていること

② 一枚の画像からではこの逆問題の解は存在せず，パラメータを変えた複数の画像が必要であること[7]

以上が条件である。

前節で述べたように，近接場光学はその順問題としてのシミュレーションが始まったばかりで，それもまだ画素数が少なく解析は不十分である。前節に示した例が，おそらく世界でもっとも大きな画素数を持つ任意の形状に対する3次元モデルの計算であろう。それでも，スーパーコンピューターを使ってかなりの時間と容量を消費した。順問題ですらこの状態であるので，逆問題の研究はまだだいぶ先だといわざるを得ないだろう。さらに近接場光学を難しくしているのは，その興味のサイズや距離が分子・原子スケールに近く，エバネッセントフォトンに加えて電子の振舞も考慮に入れなくてはならない。プローブと試料間のフォトンのトンネリング現象に加えて，エネルギー移動やエキシトンのトンネリングなどさまざまな物理現象が加わる。そのとき，Maxwellの電磁方程式に，電子の波動方程式であるSchrödinger方程式も加わることになろう。

そこまで近距離の問題を取り扱うのは今の段階では無理であるが，数nm～数百nmのスケールであっても考慮しなければならないのは，熱の問題である。局所的な光の場の集中によって局所的に熱源が生成され，それによるプローブや試料の膨張収縮の効果は無視できない。

また，ニアフィールド光学顕微鏡のプローブと試料間の距離は，ほとんどの場合，AFMやSTMあるいはシェアフォース（剪断応力）プローブによって制御されるが，それらのプローブ顕微鏡像とニアフィールド光学像とのクロストークやアーティファクト[8]なども，無視できない。

（河田　聡，井上　康志）

参考文献
1) 河田　聡，インターフェース, 20, 63 (1994).
2) H. Furukawa and S. Kawata, Opt. Commun., 132, 170 (1996).
3) 河田　聡，数理科学, 403, 64 (1997).
4) 河田　聡，パリティ, 12, 23 (1997).
5) C. Girard and D. Courjon, Phys. Rev. B, 42, 9340 (1990).
6) 河田　聡，高岡秀行，古川祐光，分光研究, 45, 93 (1996).
7) 河田　聡，応用物理, 55, 2, (1986).
8) B. Hecht, H. Bielefeldt, Y. Inouye, D. W. Pohl and L. Novotny, J. Appl. Phys., 81, 2492 (1997).

現状の理論の概要と問題点 (4)

散乱問題と自己無撞着法による取り扱い

1. はじめに

プロパゲーターを用いる自己無撞着法による光近接場の取り扱いには、次のような利点ある。
① 光と物質の相互作用、及び、その伝播を原子スケールからメゾスコピック領域まで取り扱うことが可能である。
② 三次元任意形状のプローブ／サンプル系を考察できる。
③ ベクトル場としての光場、即ち、偏光状態を容易に取り込むことができる。
④ 光場とプローブ／サンプル／基板の近接領域での相互作用とその伝播成分を考えることにより、理論値と実験データとの比較ができる。

この節では、これらの点に焦点を当てた解説を試みる。まず出発点となる方程式とその解法の一つとしてのプロパゲーター法、及び、そこに現れる感受率と分極率について概略を述べる。ついでこの方法の近接場光学顕微鏡(NOM)への適用とその結果の一例を示す。

2. 基礎方程式

光場として電場 $\vec{E}$ を考え、その時間依存性を $\exp(-i\omega t)$ と仮定すると、Maxwell方程式（C.G.S.単位）から、任意の場所 $\vec{r}$ における光場に対する方程式

$$\vec{\nabla} \times \vec{\nabla} \times \vec{E}(\vec{r},\omega) - \left(\frac{\omega}{c}\right)^2 \vec{E}(\vec{r},\omega) = 4\pi\left(\frac{\omega}{c}\right)^2 \vec{P}(\vec{r},\omega) \tag{1}$$

が得られる[1,2]。ここで、$\vec{P}(\vec{r},\omega)$ は光によって物質中に生じた分極であり、通常、線形あるいは非線形感受率 $\chi(\vec{r},\omega)$ （局所性を仮定）を通して

$$\vec{P}(\vec{r},\omega) = \int \chi(\vec{r},\vec{r}',\omega) \delta(\vec{r}-\vec{r}') \vec{E}(\vec{r}',\omega) d^3r' = \chi(\vec{r},\omega) \vec{E}(\vec{r},\omega) \tag{2}$$

という形で取り扱われる。(1-2)式は、分極をソースとして発生する自己無撞着場を記述しており、$\vec{P}(\vec{r},\omega)$ と、$\vec{E}(\vec{r},\omega)$ に矛盾がないような解が求めるものである。考えている物質系のスケール（近接場光学顕微鏡(NOM)[3〜5]の場合ならば、用いるプローブ及び観察したいサンプルの大きさ）に応じて、物質系の光応答即ち、分極を量子論的にあるいは、古典論的に求めることになる。以下では、古典論的取り扱いに限定する。

（量子論的取り扱いに興味のある読者は文献6)～9)を参照されたい。）今，ある領域内iで電場が一様であると近似し($\vec{E}(\vec{r}_i,\omega)$)，分極率$\alpha_i(\omega)$を$\int_{\vec{r}\in i}\chi(\vec{r}_i,\omega)d^3r$と定義しよう。双極子近似に基づき半径$r_i$の球に対する分極率を求めると[1,2]，バルクの誘電率$\in(\omega)$を用いて，

$$\alpha_i(\omega)=\frac{\in(\omega)-1}{\in(\omega)+2}r_i^3 \tag{3}$$

と書ける。領域内iでの分極は，(3)式を用いて$\alpha_i(\omega)\vec{E}(\vec{r}_i,\omega)$と表せるので，これを使って(1)式を解けば良いことになる。(3)式には球内の局所場の修正・スクリーニングの効果が含まれていることに注意したい。

3. プロパゲーター法

(1)式を解く方法の一つとしてプロパゲーター法がある[2,5,10]。まずこの方法の考え方を簡単なスカラー場を例にとり説明する。その上で，(1)式の場合を考えよう。今任意のスカラー関数$\varphi(\vec{r})$，及び，$g(\vec{r})$が

$$(\nabla^2+q^2)\varphi(\vec{r})=-4\pi g(\vec{r}) \tag{4}$$

を満たす時，グリーン関数，あるいは，プロパゲーター$G_0(\vec{r},\vec{r}')$として自由空間で

$$(\nabla^2+q^2)G_0(\vec{r},\vec{r}')=-4\pi\delta(\vec{r}-\vec{r}')$$
$$G_0(\vec{r},\vec{r}')=\exp(iq|\vec{r}-\vec{r}'|)/|\vec{r}-\vec{r}'| \tag{5}$$

を考える。

$$\int(\nabla^2+q^2)G_0(\vec{r},\vec{r}')g(\vec{r}')d^3r'$$
$$=-4\pi\int\delta(\vec{r}-\vec{r}')g(\vec{r}')d^3r'$$
$$=-4\pi g(\vec{r}) \tag{6}$$

に着目すると(4)式の解は次のようになる。

$$\varphi(\vec{r})=\varphi_0(\vec{r})+\int G_0(\vec{r},\vec{r}')g(\vec{r}')d^3r' \tag{7}$$

ただし，$\varphi_0(\vec{r})$は斉次方程式$(\nabla^2+q^2)\varphi(\vec{r})=0$の解である。このようにプロパゲーターがわかり，ソース分布gが与えられれば，任意の場所の場が求まる。そこで，(1)式のプロパゲーターとして

$$\mathbf{T}^{direct}(\vec{r},\vec{r}',\omega)=(q^2\mathbf{I}\cdot+\vec{\nabla}\vec{\nabla}\cdot)G_0(\vec{r},\vec{r}') \tag{8}$$
$$q=(\omega/c)$$

と置くと[10～13]，求める場は，斉次方程式の解$\vec{E}_0(\vec{r},\omega)$を用いて

$$\vec{E}(\vec{r},\omega)=\vec{E}_0(\vec{r},\omega)$$
$$+\int\mathbf{T}^{direct}(\vec{r},\vec{r}',\omega)\cdot\vec{P}(\vec{r}',\omega)d^3r' \tag{9}$$

となる。ここで，$\mathbf{T}^{direct}(\vec{r},\vec{r}',\omega)$は自由空間での場の伝播をつかさどるテンソル量で

$$\vec{\nabla}\times\vec{\nabla}\times\mathbf{T}^{direct}(\vec{r},\vec{r}',\omega)-q^2\mathbf{T}^{direct}(\vec{r},\vec{r}',\omega)$$
$$=4\pi q^2\delta(\vec{r}-\vec{r}') \tag{10}$$

を満たす。$\vec{R}=\vec{r}-\vec{r}'$, $R=|\vec{r}-\vec{r}'|$とおいて

$$\vec{\nabla}_R\cdot\left(\frac{\exp(iqR)}{R}\right)\vec{P}(\vec{r}',\omega)$$
$$=\vec{P}(\vec{r}',\omega)\cdot\vec{\nabla}_R\left(\frac{\exp(iqR)}{R}\right)$$
$$=\vec{P}(\vec{r}',\omega)\cdot\left\{(iq)\left(\frac{\exp(iqR)}{R}\right)-\left(\frac{\exp(iqR)}{R^2}\right)\right\}\left(\frac{\vec{R}}{R}\right) \tag{11}$$

等に注意すると，(5)及び(8)式から次のようなよく知られた$\mathbf{T}^{direct}(\vec{r},\vec{r}',\omega)$の具体形が得られる[2]。

$$\mathbf{T}^{direct}(\vec{r},\vec{r}',\omega)$$
$$=\left\{\left(\frac{3\vec{R}\vec{R}\cdot-R^2\mathbf{I}}{R^5}\right)-iq\left(\frac{3\vec{R}\vec{R}\cdot-R^2\mathbf{I}}{R^4}\right)\right.$$
$$\left.+q^2\left(\frac{R^2\mathbf{I}-\vec{R}\vec{R}\cdot}{R^3}\right)\right\}\exp\left(i\left(\frac{\omega}{c}\right)R\right)$$
$$=\{\mathbf{T}_3^{direct}(\vec{r},\vec{r}')+\mathbf{T}_2^{direct}(\vec{r},\vec{r}')+\mathbf{T}_1^{direct}(\vec{r},\vec{r}')\}\cdot$$
$$\exp\left(i\left(\frac{\omega}{c}\right)R\right) \tag{12}$$

これまでは，自由空間でのプロパゲーターについて述べてきた。NOMの測定のように基板が存在する場合は，どうなるのであろうか？Agarwalに従い[11]，境界条件として無限平面が存在する場合を概観しよう。図1のように空間を

[I] $z>0$, [II] $z<0$ の2つの部分に分ける。空間[I] では，誘電率 $\in(\omega)=1$，[II] では，$\in(\omega)\neq 1$ とし，点双極子，$\vec{p}(\omega)$ が [I] の領域の $\vec{r}=\vec{r}_0$ に存在するとする。$(\vec{P}(\vec{r},\omega)=\vec{p}(\omega)\delta(\vec{r}-\vec{r}_0))$ 空間 [I]，[II] での電場を平面波基底で展開（Angular Spectrum表示）する。

$$\vec{E}^{(1)}(\vec{r},\omega)=\int \vec{\varepsilon}^{(+)}(u,v;\omega)\exp(i\vec{K}_0\cdot\vec{r})dudv \\ +[q^2\mathbf{I}+\vec{\nabla}(\vec{p}(\omega)\cdot\vec{\nabla})]G_0(\vec{r},\vec{r}') \quad (13)$$

$$\vec{E}^{(2)}(\vec{r},\omega)=\int \vec{\varepsilon}^{(2)}(u,v;\omega)\exp(i\vec{K}'\cdot\vec{r})dudv \quad (14)$$

(13)式の第2項は双極子による輻射場を，第1項は境界による反射場を，(14)式は，透過場を表している。さらに，$G_0(\vec{r},\vec{r}')$ も平面波基底で展開（Weyl展開）する。

$$G_0(\vec{r},\vec{r}')=\frac{i}{2\pi}\int\frac{dudv}{w_0}\exp[iu(x-x') \\ +iv(y-y')+iw_0|z-z'|)] \quad (15)$$

境界 $z=0$ での電場及び磁場の x, y 成分が連続であるという条件から，$\vec{\varepsilon}^{(+)}(u,v;\omega)$ を $\vec{p}(\omega)$ と $\vec{K}_\parallel = (u,v)$ で表すことができ，$\mathbf{T}^{indirect}(\vec{r},\vec{r}',\omega)$ が得られる。（但し，原論文とは z 軸の方向が逆のために一部符号が異なる。）ここで，その物理的描像が

得やすいように，遅延効果を無視できる状況を考え光速 $c\to\infty$ の極限を考えると，

$$\mathbf{T}^{indirect}(\vec{r},\vec{r}',\omega) \\ \to \frac{1}{2\pi}\frac{\in(\omega)-1}{\in(\omega)+1}\int\frac{dudv}{K_\parallel} \\ \exp\left[i\vec{K}_\parallel\cdot(\vec{r}_\parallel-\vec{r}'_\parallel)-K_\parallel(z+z')\right] \\ \times\begin{pmatrix} u^2 & uv & -iK_\parallel u \\ uv & v^2 & -iK_\parallel v \\ iK_\parallel u & iK_\parallel v & K_\parallel^2 \end{pmatrix} \\ =\frac{\in(\omega)-1}{\in(\omega)+1}\mathbf{T}_3^{direct}(\vec{r},\vec{r}'_M)\}\cdot\mathbf{M} \quad (16)$$

と書き換えることができる[20]。$\vec{r}'_M$ は，$\vec{r}'=(x',y',z')$ の境界面に対する鏡像点で，

$$\vec{r}'_M=(x',y',-z'), \quad \mathbf{M}=\begin{pmatrix} -1 & 0 & 0 \\ 0 & -1 & 0 \\ 0 & 0 & 1 \end{pmatrix} \quad (17)$$

である。これから，$\mathbf{T}^{indirect}$ は双極子の存在する点 $(\vec{r}')$ の鏡像点 $(\vec{r}'_M)$ からの場の伝播を表していることが分かる。

4. 近接場光学顕微鏡(NOM)への応用と計算例

これまで述べてきた方法をNOMに適用しよう。図2に示すように，プローブの先端を N 個の球，基板上（無限平面と仮定）にあるサンプルを M 個の球の集合体とする。各球の半径 r_i は数nmから数十nmを想定し，球内での光場分布は一様とする。各球がその中心 $\vec{r}_i$ $(i=1,2,\cdots,N, N+1,\cdots,N+M)$ に(3)式で与えられる分極率 $\alpha_i(\omega)$ を持つとすると，入射光の全反射により基板上に生じたエバネッセント場 $\vec{E}_0(\vec{r},\omega)$ を種として，各球は双極子相互作用する。プローブ内の任意の場所 $\vec{r}$ における全系の相互作用を取り込んだ有効光場は，

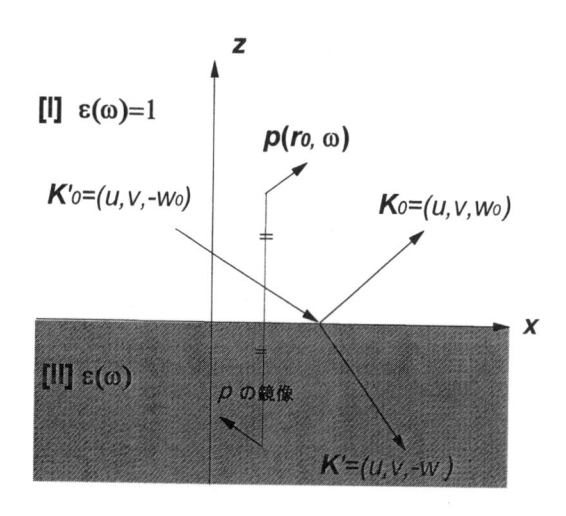

図1 無限平面が存在する時のプロパゲーターを求めるための概念図
平面に平行な波数ベクトルは等しくなる。

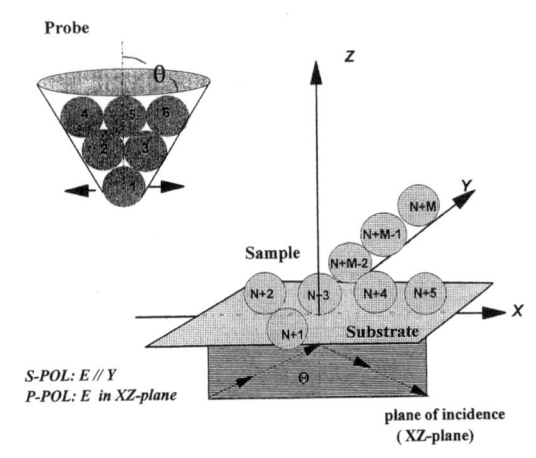

図2　近接場光学顕微鏡の概念図

S-POL: $E \parallel Y$
P-POL: E in XZ-plane
plane of incidence (XZ-plane)

$$\vec{E}^{eff}(\vec{r},\omega) = \vec{E}_0(\vec{r},\omega) + \sum_{i=1}^{N+M} \mathbf{T}(\vec{r},\vec{r}_i,\omega)\alpha_i(\omega)\vec{E}^{eff}(\vec{r}_i,\omega) \quad (18)$$

と書ける[14〜25]。ここで、プロパゲーター $\mathbf{T}(\vec{r},\vec{r}_i,\omega)$ は、(12)、及び、(16)式で述べたものの和

$$\mathbf{T}(\vec{r},\vec{r}_i,\omega) = \mathbf{T}^{direct}(\vec{r},\vec{r}_i,\omega) + \mathbf{T}^{indirect}(\vec{r},\vec{r}_i,\omega) \quad (19)$$

である。(18)式で $\vec{r} = \vec{r}_i (i=1,2,\cdots,N,N+1,\cdots,N+M)$ と置くと、$3(M+N)$次元連立方程式が得られるので、これを $\vec{E}^{eff}(\vec{r}_i,\omega)$ について解けばよい。通常の誘電体の場合、(18)式の右辺第2項の大きさは第1項の大きさより小さいので、第2項の $\vec{E}^{eff}(\vec{r}_i,\omega)$ を $\vec{E}_0(\vec{r}_i,\omega)$ と置き換えてもよい（摂動展開）。これは、散乱問題におけるBorn近似に相当している。

実験データと理論値とを比較するためには、プローブ先端での有効光場のうち伝搬光となって検出系と結合できる成分を取り出す必要がある。実験的には種々の結合方法が考えられるが、ここでは、NOMの基本的性質を調べるためにファイバープローブのテイパー角、あるいは、結合系の特徴を等価的に表すNAに相当する角度 θ を用いて次のような信号 $I^{far}(\theta)$ を考えよう[21,25]。

$$I^{far}(\theta) = \int R^2 d\Omega \left| \mathbf{T}_1^{direct}(\vec{R}+\vec{R}_p,\vec{R}_p)\alpha_p(\omega)\vec{E}^{eff}(\vec{R}_p,\omega) \right|^2 \quad (20)$$

これは、プローブ先端の $\vec{r}_i = \vec{R}_p$ での有効光場のうち散乱されて立体角 $d\Omega$ へ伝搬した成分の全強度を表している。また、理論値として通常用いられる近接場信号 I^{near} と

$$I^{near} = \left| \vec{E}^{eff}(\vec{R}_p,\omega) \right|^2 = I^{far}(\theta=90°)/\left| \alpha_p(\omega) \right|^2 \quad (21)$$

の関係がある。

NOM信号の典型的な振る舞いは球の数には依存しないことから[16,20]、以下の数値計算例では、$N=M=1$の場合を考えることにする。

4.1　入射偏光依存性

可視光を用いた様々なタイプのNOMによる走査像には、入射偏光依存性があることが、理論的にも実験的にも明らかにされている[14〜44]。その一例として、C-モードタイプでプローブを基板から一定の高さで走査した(constant height mode)場合の理論値が図3に示されている[20]。(a)には、プローブを x 方向に走査した場合と y 方向に走査した場合のS偏光に対する近接場信号 I^{near} の対比を示している。(b)には、P偏光に対して厳密に $\vec{E}^{eff}(\vec{r}_i,\omega)$ を求めた場合と摂動展開で求めた場合を示している。(この場合は、S偏光のような走査方向依存性は見られない。)この図から、S偏光に対してはサンプル中心で谷に、P偏光に対してはサンプル中心で山になり、半値幅もサンプルのサイズより広がるという典型的な近接場信号の振る舞いが分かる。このような近接場信号の特徴は、分極率・プロパゲーターの入射エバネッセント場に対する符号の差異、言い換えれば、プローブ先端での双極子誘起場の方向が、入射エバネッセント場に対して平行になるか、反平行になるかということで定性的に理解することができる。又、S偏光の場合のエッジでの振る舞いの違いは、走査点での電場ベクトルの方向に誘電率のギャップが存在するか

—44—

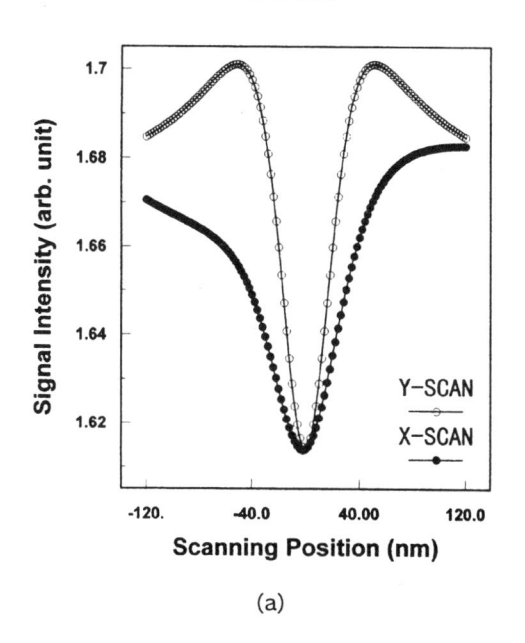

現状の理論の概要と問題点(4) 散乱問題と自己無撞着法による取り扱い

どうかに起因している。即ち，この違いは，$y=0$上をx方向に走査した場合には，電場ベクトルの方向には誘電率が一様であるのに対して，$x=0$上をy方向に走査した場合には，エッジ近傍で誘電率に飛びが生ずることに起因している。以上のような傾向は，基板上の突起物の場合だけではなく基板内に埋め込まれている場合にもあてはまる[20,45]。

4.2 プローブのテイパー角及び等価的NA依存性

実験データと上で述べたような理論値とを比較するには，プローブのテイパー角あるいは，等価的NAに相当する角度θを考慮することが重要となる[46〜50]。そこで入射P偏光に対して，走査信号$I^{far}(\theta)$が角度θとともにどのように変化するかという計算例を図4に示す[21]。角度θが

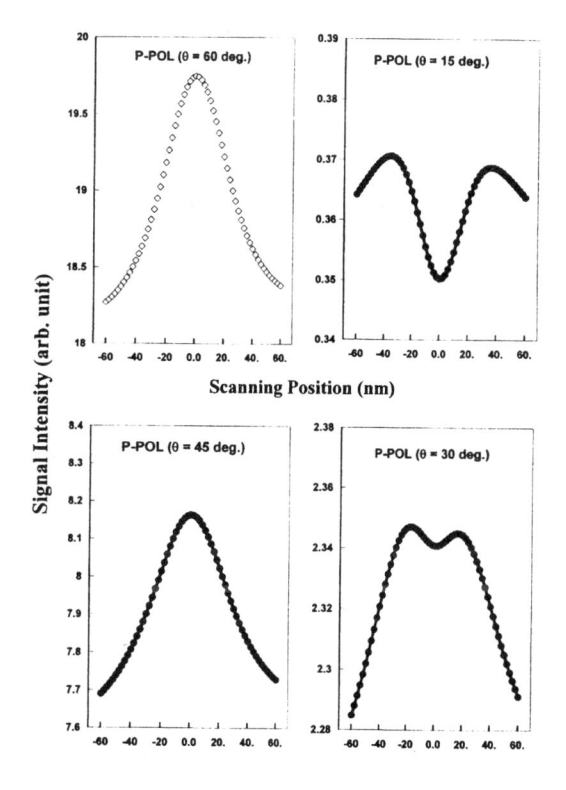

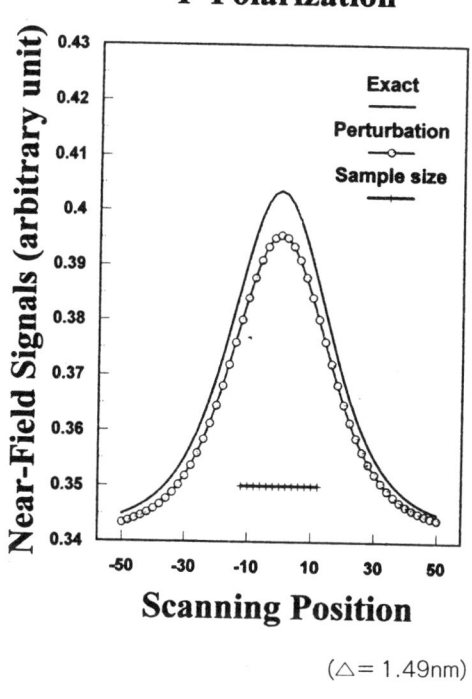

図3 近接場信号の入射偏光依存性
(a)S偏光：プローブをx方向に走査した場合とy方向に走査した場合の比較
(b)P偏光：厳密解と摂動展開による解の比較

図4 近接場走査信号の角度θ依存性
P偏光に対して$\theta=15°$，$30°$，$45°$，$60°$の場合

45°より大きい時には，$I^{far}(\theta)$は近接場信号I^{near}と同じようにサンプル中心にピークを持つ。しかし，角度θが小さくなるにつれてエッジに山，中心に谷を持つようになる。これは，P偏光でサンプル／プローブ上に励起された双極子場がz方向のfar-zoneには伝播しにくいあらわれと理解できる。また，このような近接場信号の振る舞いは，実験データの傾向とも一致している[37]。

これまで入射偏光と角度θによって得られる走査像や分解能が変わることを述べた。次に信号強度を保ちながらコントラスト(visibility)が最適になるような角度θが存在するかどうか調べてみよう。図5にconstant height modeとconstant intensity modeの計算例を示す[25]。これからP偏光に対しては$\theta \geq 60°$，S偏光に対しては$20° \leq \theta \leq 35°$の場合にそのような最適値が存在することが分かる。しかし，この最適値もプローブを走査する方法を変えると必ずしも最適値とはなり得ない。シアフォースでフィードバックをかけた時のように，サンプル／基板から一定の距離になるようにプローブを走査した場合(constant distance mode)，S偏光に対しては$30° \leq \theta \leq 60°$，P偏光に対しては信号強度が落ちるけれども$\theta \leq 25°$でコントラスト最適となる（図6参照）。但し，この場合得られる走査像はconstant height mode (constant intensity mode)の時とは異なるのでその解釈には注意が必要であろう[20,51]。

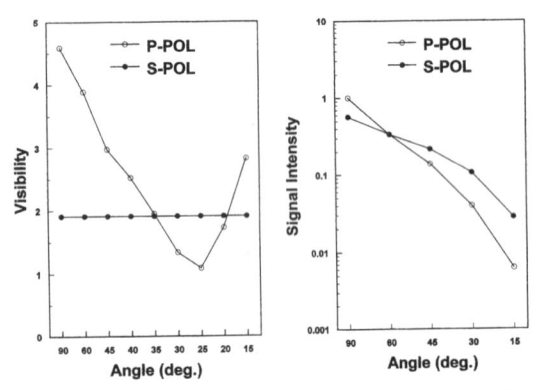

図5 角度θを変化させた時のconstant height mode及びconstant intensity modeの近接場信号（最大値）とコントラスト(visibility)

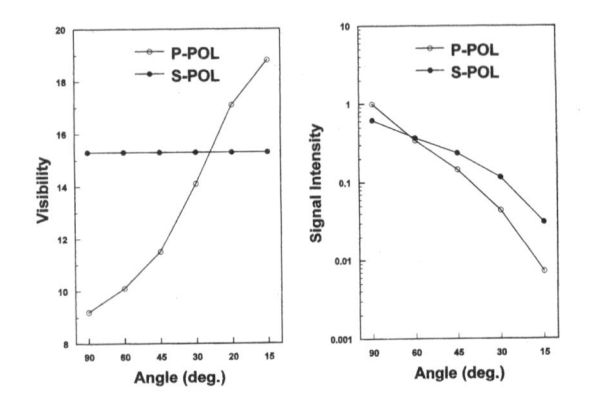

図6 角度θを変化させた時のconstant distance modeの近接場信号（最大値）とコントラスト(visibility)

5. まとめ

プロパゲーターを用いた自己無撞着法とはどのような方法で，光近接場をどのように取り扱えばよいかを古典論の範囲で解説した。また，これに基づいて，近接場光学顕微鏡の実験データとの比較に関連した数値例を示した。ここでは触れることができなかったが，量子論的なアプローチからも興味深い現象や実験がある。量子論とからめてどう取り扱っていくかは，今後の課題の一つであろう。又，そのような理論からおもしろい予測が行え，実験的にも検証が行えるといった方向に進んでいきたいものである。

（小林 潔）

参考文献

1) 宮島 龍興訳，ファインマン物理学III 電磁気学，岩波書店.
2) J. D. Jackson, *Classical Electrodynamics, 2nd ed.*, (John Wiley & Sons, New York, 1975).

3) D. W. Pohl, *in Scanning Tunneling Microscopy II*, R. Wiesendanger and H.-J. Güntherodt (eds.), (Springer-Verlag, Berlin, 1992).
4) 河田 聡, 光学 **21**, 766 (1992).
5) M. Ohtsu and H. Hori, *Near-field Nano-Optics—From Basic Principle to Nano-fabrication and Nano-Photonics—*, (Plenum, New York, 1997).
6) 砂川 重信, 散乱の量子論, 岩波書店.
7) A. Douglas and A. Szafer, IBM J. Res. Develop. **32**, 384 (1988).
8) K. Cho, Prog. Theor. Phys. Suppl. **106**, 225 (1991).
9) O. Keller, J. Opt. Soc. Am. **B11**, 1480 (1994).
10) 今村 勤, 物理とグリーン関数, 岩波書店.
11) G. S. Agarwal, Phys. Rev. **A11**, 230 (1975).
12) D. Van Labeke and D. Barchiesi, *in Near Field Optics*, D.W. Pohl and D. Courjon (eds.), (Kluwer, Dordrecht, 1993) p157.
13) C. Girard and A. Dereux, Rep. Prog. Phys. **59**, 657 (1996).
14) C. Girard and D. Courjon, Phys. Rev. **B42**, 9340 (1990).
15) B. Labani, C. Girard, D. Courjon, and D. Van Labeke, J. Opt. Soc. Am. **B7**, 936 (1990).
16) C. Girard and X. Bouju, J. Opt. Soc. Am. **B9**, 298 (1992).
17) O. Keller, M. Xiao, and S. Bozhevolnyi, Surf. Sci. **280**, 217 (1993).
18) C. Girard and A. Dereux, Phys. Rev. **B49**, 11344 (1994).
19) C. Girard, A. Dereux, O. J. F. Martin, and M. Devel, Phys. Rev. **B52**, 2889 (1995).
20) K. Kobayashi and O. Watanuki, J. Vac. Sci. Technol. **B 14**, 804 (1996).
21) K. Kobayashi and O. Watanuki, Opt. Rev. **3**, 447 (1996).
22) I. Banno, H. Hori, and T. Inoue, Opt. Rev. **3**, 454 (1996).
23) T. Inoue and H. Hori, Opt. Rev. **3**, 458 (1996).
24) A. Zvyagin and M. Ohtsu, Opt. Commun. **133**, 328 (1997).
25) K. Kobayashi and O. Watanuki, J. Vac. Sci. Technol. (1997) in press.
26) W. Denk and D. W. Pohl, J. Vac. Sci. Technol. **B9**, 510 (1991).
27) A. Dereux and D. W. Pohl, *in Near Field Optics*, D.W. Pohl and D. Courjon (eds.), (Kluwer, Dordrecht, 1993) p189.
28) E. L. Buckland, P. J. Moyer, and M. A. Paesler, J. Appl. Phys. **73**, 1018 (1993).
29) D. W. Pohl and L. Novotny, J. Vac. Sci. Technol. **B12**, 1441 (1994).
30) A. Sentenac and J. J. Greffet, Ultramicroscopy **57**, 246 (1995).
31) W. Jhe and K. Jang, Ultramicroscopy **61**, 81 (1995).
32) M. Castagne, C. Prioleau, and J. P. Fillard, Appl. Opt. **34.**, 703 (1995).
33) K. Jang and W. Jhe, Opt. Lett. **21**, 236 (1996).
34) H. Furukawa and S. Kawata, Opt. Commun. **132**, 170 (1996).
35) E. Betzig, J. K. Trautman, J. S. Weiner, T. D. Harris, and R. Wolfe, Appl. Opt. **31**, 4563 (1992).
36) B. Hecht, D. W. Pohl, H. Heinzelmann, and L. Novotny, *in Photons and Local Probes*, NATO Series E **300**, O. Marti and R. Möller (eds.), (Kluwer, Dordrecht, 1995) p93.
37) M. Naya, S. Mononobe, R. Uma Maheswari, T. Saiki, and M. Ohtsu, Opt. Commun. **124**, 9 (1996).
38) Y. Inouye and S. Kawata, Opt. Lett. **19**, 159 (1994).
39) J-C. Weeber, E. Bourillot, A. Dereux, J-P. Goudonnet, Y. Chen, and C. Girard, Phys. Rev. Lett. **77**, 5332 (1996).
40) F. Zenhausern, Y. Martin, and H. K. Wickramasinghe, Science **269**, 1083 (1995).
41) T. Saiki, M. Ohtsu, K. Jang, and W. Jhe, Opt. Lett. **21**, 674 (1996).
42) R. Uma Maheswari, S. Mononobe, H. Tatsumi, Y. Katayama. and M. Ohtsu, Opt. Rev. **3**, 463 (1996).
43) H. Muramatsu, N. Chiba, T. Ataka, S. Iwabuchi, N. Nagatani, E. Tamiya, and M. Fujihira, Opt. Rev. **3**, 470 (1996).
44) M. Naya, R. Micheletto, S. Mononobe, R. Uma Maheswari, and M. Appl. **36**, 1681 (1997).
45) O. J. F. Martin, C. Girard, and A. Dereux, J. Opt. Soc. Am. **A13**, 1801 (1996).
46) H. Hori, *in Near Field Optics*, D.W. Pohl and D. Courjon (eds.), (Kluwer, Dordrecht, 1993) p105.
47) L. Novotny, D. W. Pohl, and B. Hecht, Opt. Lett. **20**, 970 (1995).
48) M. Ohtsu, J. Lightwave Technol. **13**, 1200 (1995).
49) D. W. Pohl, L. Novotny, B. Hecht, and H. Heinzelmann, Thin Solid Films **273**, 161 (1996).
50) O. J. F. Martin and C. Girard, Appl. Phys. Lett. **70**, 705 (1997).
51) B. Hecht, H. Bielefeldt, Y. Inouye, D. W. Pohl, and L. Novotny, J. Appl. Phys. **81**, 2492 (1997).

現状の理論の概要と問題点(5)
双対的Ampereの法則とNOM像

1. はじめに

この小論の目的は以下を示すことである。
① 微小誘電体の光近接場に定量的な議論にたえる簡単な描像があること。(第2章)
② 近接場の測定における場の強度は遠隔場のものと異なること。(第3章)
③ ①、②の議論を適用し近接場光学顕微鏡(NOM)の動作原理を明らかにすること。(第4章)

我々の方法論は定量的計算も可能なものであるが、ここでは最も簡単な状況を仮定し大部分を直感的、定性的な議論に限る[1]。

2. 近接場の簡単な描像

2.1 波数ベクトル非依存の描像

真空中の誘電体（特徴的サイズ:a）に単色の光（波数ベクトル:$\vec{k}$）を入射し、測定点（誘電体の中心を原点とした位置ベクトル:$\vec{r}$）での電場を求める問題を考える。ここで、誘電体も測定点も一波長の領域に十分納まると仮定する。

$$ka < kr \ll 1. \tag{1}$$

以下、これを近接場条件という。近接場条件下ではMaxwellの方程式系で時間遅れを無視でき、$\vec{k}$非依存（準静的）描像が成り立つ。この一般的事実は明確に認識されていないが、先人たちのいくつかの数値計算の結果から確認できる[4,5]。NOMで$\vec{r}$をプローブのある位置とみなせば、最も簡単なNOMの理論は近接場条件下のものであろう。

2.2 双対的Ampereの法則

誘電体は非磁性であり、電気的応答は局所的、線形的で誘電率:$\varepsilon(\vec{r})$にて表せると仮定する。この時、近接場条件下で扱うべきMaxwell方程式系は時間遅れを無視すると以下である。

$$\vec{\nabla} \cdot \vec{D}(\vec{r}) = 0 \tag{2}$$

$$\vec{\nabla} \times \vec{E}(\vec{r}) = 0 \tag{3}$$

$$\vec{D}(\vec{r}) = \varepsilon(\vec{r}) \vec{E}(\vec{r}) \tag{4}$$

但し、$\vec{D}$, $\vec{E}$は電束密度場、電場を表す。式(3)を$\vec{D}(\vec{r})$で表すと、

$$\vec{\nabla} \times \vec{D}(\vec{r}) = \vec{\nabla} \ln\left(\frac{\varepsilon(\vec{r})}{\varepsilon_0}\right) \times \vec{D}(\vec{r}).$$

一方、入射光の$\vec{D}^{in}$に対しては、

$$\vec{\nabla} \times \vec{D}^{in}(\vec{r}) = 0. \qquad (6)$$

これら二式の辺々を引いて，$|\vec{D}^{in}| \gg |\Delta\vec{D}|$（散乱場 $\Delta\vec{D} = \vec{D} - \vec{D}^{in}$ が入射場 $\vec{D}^{in}$ に対して小さい）と仮定すると次の双対的 Ampere の法則を得る。

$$\vec{\nabla} \times \Delta\vec{D}(\vec{r}) = \vec{\nabla} \ln(\frac{\varepsilon(\vec{r})}{\varepsilon_0}) \times \vec{D}^{in}(\vec{r}). \qquad (7)$$

ここで，簡単のために $\varepsilon(\vec{r})$ が表面で急峻に変わると仮定する;即ち,$\vec{r}$ が微小誘電体中では $\varepsilon(\vec{r}) = \varepsilon_1$，それ以外では $\varepsilon(\vec{r}) = \varepsilon_0$。この時，式(7)の右辺は $\vec{r}$ がちょうど表面上にある時，有限値を持ち，その方向は表面の外向き単位法線ベクトルを $\hat{n}$ とすると $-\hat{n} + \vec{D}^{in}$ である。物理的にこの量は（表面磁流）×$(-\varepsilon_0)$ である。図1をみてAmpereの法則

$$\vec{\nabla} \times \vec{B}(\vec{r},t) = \mu_0(電流密度). \qquad (8)$$

と比較すると双対性の意味が明らかになるだろう。このように近接場条件下では，非常に簡単な描像がある。もちろん $\vec{k}$ 非依存である。

我々の方法では，Maxwellの境界条件は近似的に表面磁流にこめられている。誘電体の形が複雑な場合，伝統的なMaxwellの境界条件を用いる方法は困難であるのに対し，我々の方法では式(7)の右辺の磁流密度を簡単に見積もれ，散乱場 $\Delta\vec{D}$ を効率的に求められる。MartinらのF型微小誘電体の散乱電場の厳密な数値計算[5]と比較するために行った我々の方法での結果を図2に示す。

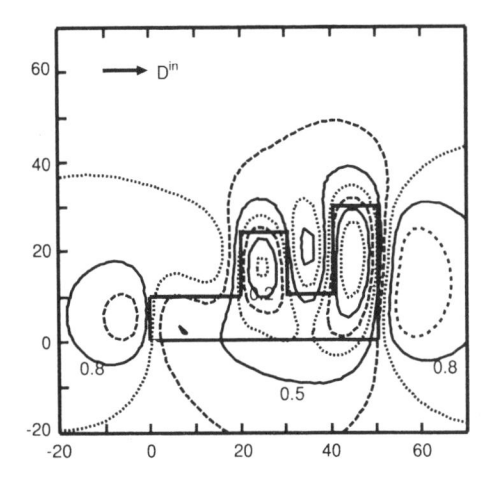

図2 式(7)による複雑な形の微小誘電体による光の散乱の計算[13]

Martinらの計算結果と比較するため入射偏光ベクトルがF（厚さ7.5nm）の長手方向の場合の誘電体下方5nmでの式(11)による相対強度を等高線で表した。誘電体の形等の詳細は文献[5]参照

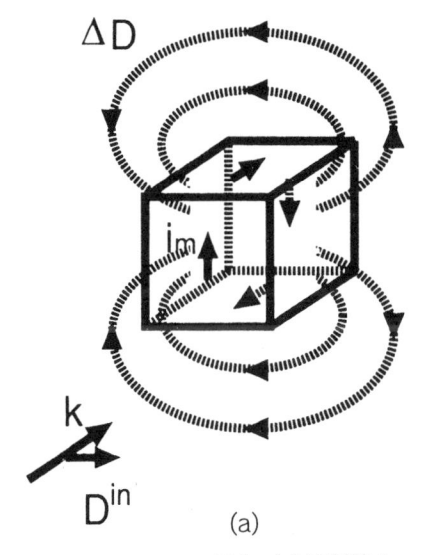

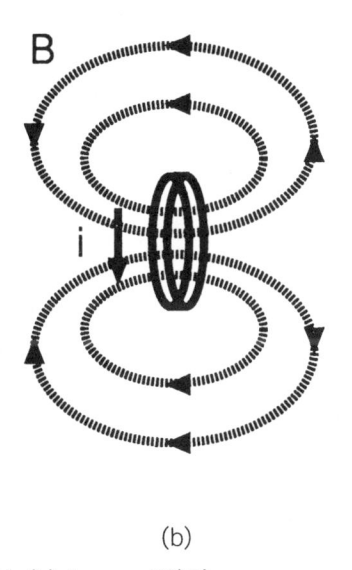

図1 (a) 双対的Ampereの法則と (b) Ampereの法則
散乱電束密度場 $\Delta\vec{D}$ の源泉は誘導磁流密度場 $\vec{i}_m$ であり，磁束密度場 $\vec{B}$ の源泉は電流密度場 $\vec{i}$ である

閉じた磁流（電流）密度は電気（磁気）双極子能率密度と等価であることはよく知られている。今の方法では，誘導電気双極子能率密度の代わりに誘導磁流密度で記述したことになる。実は，式(2)を$\vec{E}(\vec{r})$で表し同様な変形をすると，誘導電気双極子能率密度が散乱場の源泉に成るような式にたどり着く。これら二つの方法は原理的に等価である。[2]

3. 場の強度の表式

3.1 遠隔場測定，近接場測定の場の強度

本議論はNOMに限らず一般的なものである。一般に，場の強度（実験での信号強度）は次式である。

$$\Delta I(\vec{r}) = \frac{|X^{in}(\vec{r})+\Delta X(\vec{r})|^2-|X^{in}(\vec{r})|^2}{|X^{in}(\vec{r})|^2}$$
$$= \frac{X^{in}(\vec{r})^* \cdot \Delta X(\vec{r}) + c.c. + |\Delta X(\vec{r})|^2}{|X^{in}(\vec{r})|^2}. \quad (9)$$

ここで，Xは注目しているスカラー場またはベクトル場で，分子の$|X^{in}(\vec{r})|^2$は散乱体の無いときの背景の強度，分母のものはΔIを無次元にするため導入した。

遠隔場の測定($kr \gg 1$)では普通，入射場の振幅がない所にあるので（図3(a)）$X^{in}(\vec{r})=0$であり，式(9)は次式となる。

$$\Delta I(\vec{r}) \to \frac{|\Delta X(\vec{r})|^2}{|X^{in}(\vec{r})|^2} \equiv \Delta I_{incoherent}(\vec{r}). \quad (10)$$

これは通常の散乱理論で見慣れた表式である。

次に，近接場の測定($kr \ll 1$)では$X^{in}(\vec{r}) \neq 0$であり（図3(b)），式(9)は次式となる。

$$\Delta I(\vec{r}) \to \frac{X^{in}(\vec{r})^* \cdot \Delta X(\vec{r}) + c.c. + O(|\Delta X|^2)}{|X^{in}(\vec{r})|^2}.$$
$$\equiv \Delta I_{incoherent}(\vec{r}). \quad (11)$$

$|X^{in}| \gg |\Delta X|$であるならば，干渉項が主要な寄与をする。入射場と散乱場の干渉効果は$\Delta I_{coherent}(\vec{r})$が負になる（背景より強度が弱くなる）ことを可能にする点で近接場の強度の特徴である。

以上の議論では，散乱体と測定器（NOMではプローブ）の間の多重散乱を無視する仮定をしたので，場の強度は測定器の量を使わずに表せた。遠隔場の測定では，この仮定は散乱体と測定器の間の距離が大きいことにより正当化される。近接場の測定では，測定器のサイズ:bが十分小さく弱い散乱しか起こさないことが必要である。以下，これを微小プローブ条件という。

$$kb \ll 1. \quad (12)$$

近ごろのNOMの実験では近接場条件と微小プローブ条件とも満たされているようである[3]。

3.2 NOMの信号強度

NOMの信号強度へ寄与をするのは，プローブである光ファイバーの長手方向に進む横波の光である。よって，微小誘電体を観察するときプローブの位置における$\vec{D}$のうち偏光ベクトルがプローブの長手方向に垂直な成分のみ信号強度に寄与をすると考えられる。この射影効果はベクトル場に特有のことであるが，NOM像の入射偏光ベクトル依存性を説明するために，等価なことが他者により指摘されている[7,8]。射影された$\Delta \vec{D}$等を$\Delta \vec{D}_{\parallel}$等とかき，次の表式を与える。

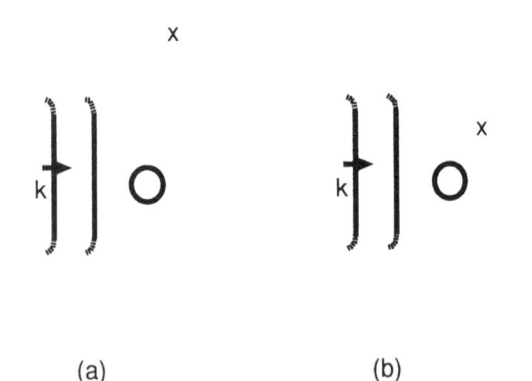

図3 (a),(b)遠隔（近接）場の測定
測定する位置Xに入射場の振幅がない（ある）

$$\Delta I_{incoherent\|}(\vec{r}) \equiv \frac{|\Delta\vec{D}_\|(\vec{r})|^2}{|\vec{D}^{in}(\vec{r})|^2} \qquad (13)$$

$$\Delta I_{incoherent\|}(\vec{r})$$
$$\equiv \frac{\vec{D}^{in}_\|(\vec{r})^* \cdot \Delta\vec{D}_\|(\vec{r}) + c.c. + O(|\Delta\vec{D}_\||^2)}{|\vec{D}^{in}(\vec{r})|^2}. \qquad (14)$$

$\Delta I_{coherent\|}$が我々の提案するNOMの信号強度の表式であり,干渉効果と射影効果が考慮されている。

4. NOMへの応用

4.1 近接場とNOMの信号強度の関係

プリズムの上にある微小誘電体をコレクションモードのNOMで観察する場合を考える[11]。入射光は減衰波だが,通常その減衰距離は波長程度であるので,近接場条件下かつ微小プローブ条件下では散乱体やプローブの尖端は減衰波の性質を感じない。このことから,プリズムを無視し真空中にある微小誘電体に伝播波を入射させるモデルで考えてもよいであろう。即ち,第2章の議論がNOM系で有効になる。我々はNOMの強度の表式は$\Delta I_{coherent\|}$がふさわしいと考えているが,比較のためその他の表式による図も合わせてかく。

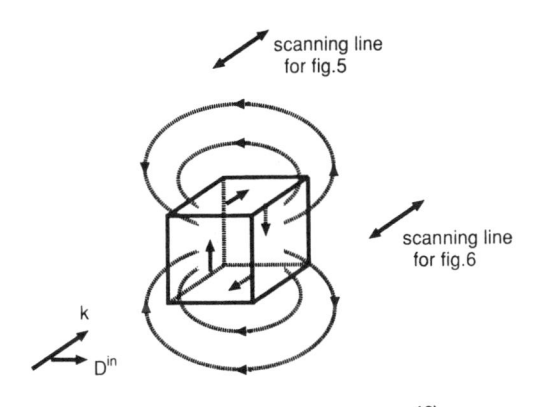

図4 図5と図6の計算のモデル[13]
$\vec{D}^{in}, \vec{k}, \vec{D}^{in} \times \vec{k}$の方向を$x, y, z$の方向として,一辺の長さが 1で誘電率$1.5\varepsilon_0$の微小誘電体が$\{\vec{r}|0\leq x\leq 1, 0\leq y\leq 1, 0\leq z\leq 1\}$を占める。図5の走査線(横軸)は,$\{\vec{r}|x=0.5, z=1.35\}$,図6の走査線(横軸)は,$\{\vec{r}|z=0.5, x=1.35\}$(または,$\{\vec{r}|y=0.5, x=1.35\}$)である。

まず,s偏光入射の場合(図4と図5),$\vec{D}^{in}_\| = \vec{D}^{in}$であり,また特に図5の走査線が対称面上にあるため,$\Delta I_{coherent\|} = \Delta I_{coherent}$等となっている。$\Delta I_{coherent\|}$が負のピークをもつことは干渉効果であり,散乱体上方で$\vec{D}^{in}_\|$が$\Delta\vec{D}^{in}_\|$に反平行になっているためである。このことは近接場条件を満たす系になされた先人たちの数値計算の結果にも現れている[9,10,12]。しかし,実験的検証はなされていない。

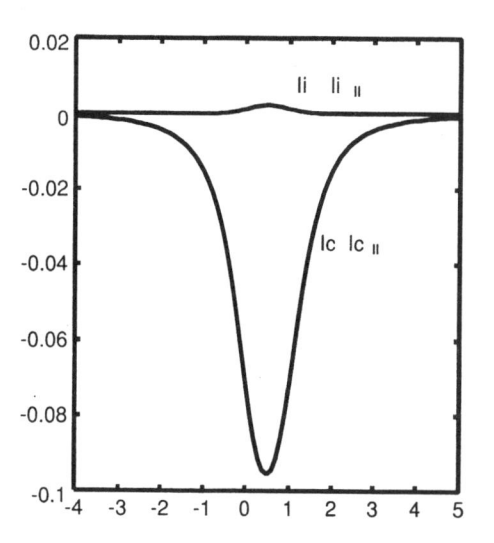

図5 s偏光入射の場合の光近接場の強度[13]
$\vec{k}$非依存である

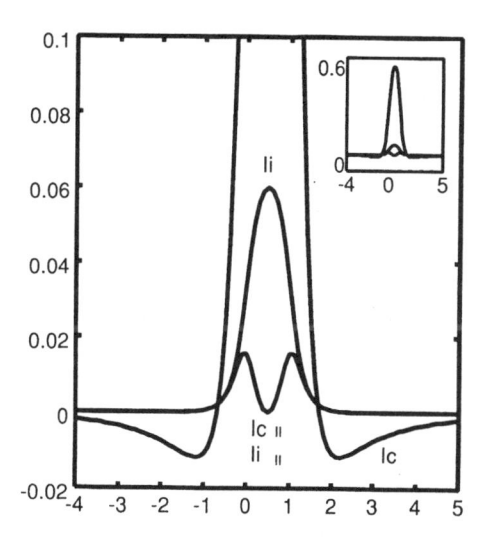

図6 p偏光入射の場合の光近接場の強度[13]。
$\vec{k}$非依存である

次に，p偏光入射の場合（図4と図6），このモデルでは$\vec{D}^{in}_{\parallel}=0$のため，$\Delta I_{coherent\parallel}=|\Delta \vec{D}_{\parallel}|^2(=\Delta I_{coherent\parallel})$となる。$\Delta I_{coherent\parallel}$が二重ピークをもつことは射影効果であり，散乱体上方で$\Delta \vec{D}_{\parallel} \sim \vec{0}$であることによる。これは納谷等の実験[8]や，JheとJangの理論的結果と一致する。

以上のように，我々の第2, 3章の方法を援用するとNOMの信号強度に関する定性的で直感的な議論が可能になる。

4.2 NOMがうまくはたらく理由

4.1の議論から，NOMのプローブがいかなる光（または電場）を拾っているか直感的に理解でき，像と散乱体の形には簡単な関係があることがわかった。実際，近頃のNOMの実験では近接場条件も微小プローブ条件も満たされ，きれいな像が得られている[3]。

逆に，$ka \geq 1$または$kb \geq 1$であるとすると，Maxwellの方程式で時間遅れを考慮せねばならない。即ち，場の位相が一定とはみなせず，散乱場どうしの干渉によりNOM像は複雑になると予想される。

以上から近接場条件，微小プローブ条件が近接場に特有の$\vec{k}$非依存，従って場の位相が一定であることをもたらし，回折限界をはるかに越えたところでNOMを有効にはたらかしめていることがわかる。

5. まとめ

①微小誘電体の光近接場は$\vec{k}$非依存または位相一定であり，双対的Ampereの法則で近似的に記述される。これにより，複雑な形の微小誘電体の光近接場を直感的に理解でき，また，容易に計算できる。Maxwellの境界条件を表面磁流にこめた御利益である。

②NOMの信号強度に対応する場の強度の表式を提案した。近接場特有の入射場と散乱場の干渉効果と，NOM特有の射影効果を実効的に考慮した表式である。

③NOMにより回折限界をこえて観測ができる動作原理を明らかにした。むしろ，回折限界をはるかに越えた条件下でうまくはたらくのである。

（坂野 斎, 堀 裕和）

謝辞

この小論の内容はKorea-Japan Cooperation Research Programを通して，ソウル大学W.Jhe教授，東京工業大学，大津 元一教授，北原 和夫教授との議論により生まれたものである。上記の各氏に感謝する。

参考文献

1) I.Banno, H.Hori and T.Inoue: Optical Review **3** (1996) 454. ％
2) I.Banno, H.Hori: 投稿予定.
3) 例えば，文献[8]
4) Y.Leviatan: J.Appl.Phys. **60** (1986) 1577.
5) J.F.Martin, C.Girard and A.Dereux: Phys.Rev.Lett. **74** (1995) 526 (vk非依存に関してはFig.1 (c)と(d))
6) この表面磁流はMaxwellの境界条件を近似的に保証する。実は，急峻な表面を導入したため磁流の不定性が現れるのだが，式(2)等により定める事ができる。詳細は投稿予定.
7) W.Jhe and K.Jang: Ultramicroscopy **61** (1995) 81.
8) M.Naya, S.Mononobe, R.Uma Maheswari, T.Saiki and M. Ohtsu: Optics Commun. **124** (1996) 9.
9) C.Girard and D. Courjon: Phys.Rev.B **42** (1990) 9340.
10) K.Kobayashi and O.Watanuki: J. Vac. Sci. Technol. B **14** (1996) 804.
11) 大津 元一: 応用物理 **65** (1996) 2.
12) A.Zvyagin and M.Ohtsu: Optics Commun. (1996).
13) 萩原 篤: 山梨大学工学部電子情報工学科卒業論文 (1997).

第III部

要素技術編

プローブ（1）
概要・ファイバプローブ

1. 概要

近接場光の基本的性質は微粒子表面に局在し，微粒子寸法程度の厚みをもつ非伝搬光である[1]。これを検出するには，図1(a)に示すように第二の微粒子を近接場光内に挿入し伝搬光に変換する（すなわち非伝搬光を第二微粒子で散乱する）。この第二微粒子はプローブと呼ばれる。このとき，近接場光の寸法依存局在性の特徴を生かすために変換する体積はできるだけ小さい方がよいが，二つの微粒子の寸法が等しいときに変換効率が最大となるので[2]，第二微粒子の寸法は第一微粒子の寸法と同等であることが有利である。従って，プローブの特性は測定対象である第一微粒子の寸法，形状に依存する。さらに変換効率は二つの微粒子による近接場光の散乱効率によって決まるので，これらの微粒子の構造にも依存する。

以上のように近接場光の検出には，近接場光の散乱によって光学的に結合した状態にある二

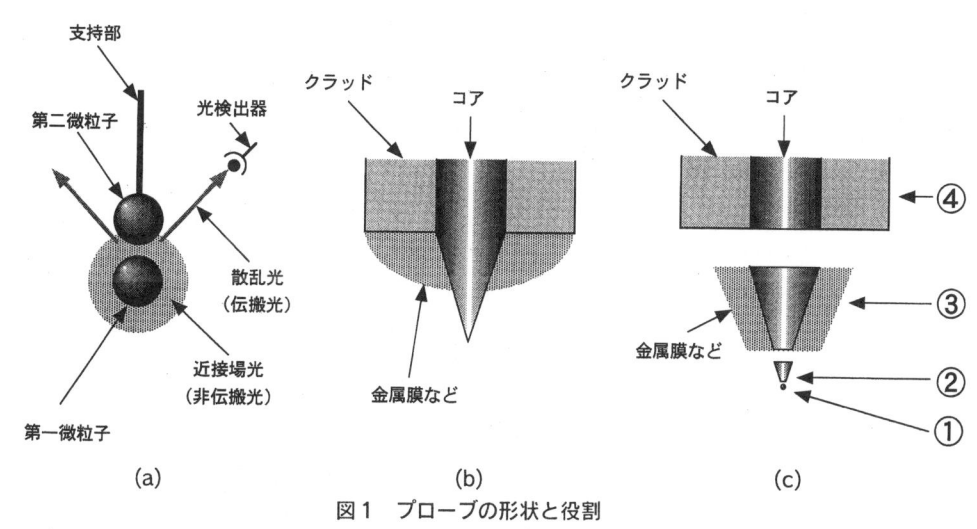

図1 プローブの形状と役割
(a)第一微粒子表面の近接場光と，それを散乱するプローブとしての第二微粒子 (b)ファイバプローブの断面形状 (c)役割別に分離したファイバプローブの概念図

つ微粒子の近距離電磁相互作用の特性を勘案する必要がある。すなわち非伝搬光である近接場光のうちの

(a) いかに小さな体積を
(b) いかに効率よく

伝搬光に変換するかにかかっている。

この二点を実現するために図1(a)の基本形の第二微粒子のかわりに，より実際的に用いられるプローブを図1(b)に示す。このような先鋭化されたプローブは各種誘電体材料をもとに作ることができるが，支持部の加工制御性の点でガラス製のファイバがよく用いられる。ファイバは伝搬光を伝送するコア部と，その支えのクラッド部からなるが，この図ではコア部が突出し，先鋭化されている場合を示す。これをさらに各部の役割に分けて模式的に表すと図1(c)のようになる。すなわち円錐形の最先端部①は図1(a)の第二微粒子の役割をし，空間分解能，感度に寄与する。傾斜部の②はコントラストに寄与する。金属膜の被覆された傾斜部③は，①，②で散乱され伝搬光に変換された光を，④の伝送線路の導波モードに結合する役割を果たす。根本部の④は伝搬光を従来のファイバの機能を用いてファイバ後端まで伝送するための伝送線路である。

①〜④の部分の性能を十分に高めるためには
①について：できるだけ小さくし，検出の空間分解能を高くする。金属微粒子などを用い散乱効率をあげる。
②について：傾斜角をできるだけ小さくして低空間フーリエ周波数成分の検出効率を下げ，コントラストを上げる。さらに，傾斜形状を調節して導波モードへの結合効率をあげる。
③について：傾斜形状を調節して導波モードへの結合効率を上げる。
④について：伝送する光波長に対して損失の少ない材料を用いる。

これらの考慮のもとに目的に応じた各種プローブが考案されている。これらの詳細を次節以下に記す。

2. ファイバプローブ

標準的なプローブとしてシリカガラス製の光ファイバを用いたプローブが広く使われている。先端微小化のための先鋭化の加工法として，ファイバを加熱し引っ張る技術が開発されているが，加工精度，歩留まり，などの点で問題がある。特に前節の①〜③の機能を引き出すことができない。これを打破する方法として緩衝フッ酸溶液による選択化学エッチングによる方法が発達しているので，本節ではこの方法を概説する。

選択化学エッチングの基本的方法は体積比がNH_4F（40重量％）：HF（50重量％）：$H_2O = X : 1 : 1$の緩衝ふっ酸溶液中にファイバを約一時間浸し，クラッド端部を除去してコア部を選択的に先鋭化する[3]。たとえば$X = 10 \sim 30$のときのコアの先鋭角はコア中のGeO_2濃度によって決まり，最小値をとる。このことは先鋭角がエッチング溶液の組成のばらつきによらず高い再現性で作成できることを示している。図2は先鋭化されたコアの先端部の例を示す。

前節の①の機能は先端部の曲率半径の寸法が対応するが，本方法ではそれは2nm程度またはそれ以下が実現している。また，先鋭角の再現性が高いことは①〜③部の寸法の再現性も高いことを意味している。得られた先鋭角の最小値は14度であり，これはコア中のGeO_2の濃度が23モル％のときに得られた。

なお，先鋭化の素過程として，コア，クラッドの組成の違いにより，発生する反応生成物（それぞれ$(NH_4)_2GeF_6$，$(NH_4)_2SF_6$）が溶液中へと溶解する速度の差に起因するといわれている。

1で述べたようにプローブの形状は測定対象の光学的特性を勘案して最適化されるべきであるが，エッチング法ではそれが可能で，上記の基本的方法を修正して図3に示す各種のファイバプローブが実現している。これらについて以下で示す。

プローブ(1) 概要・ファイバプローブ

(a)

(b)

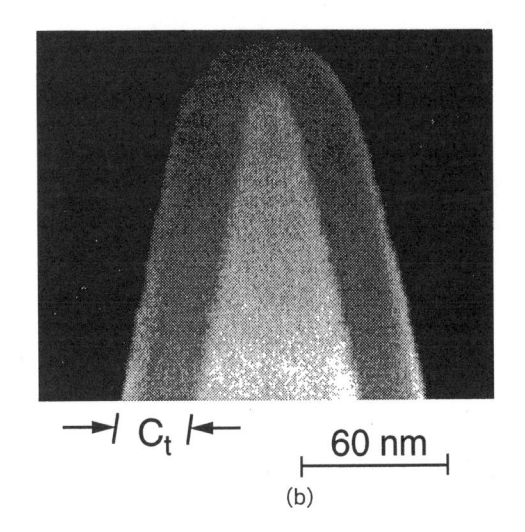

図2 先鋭化されたコアをもつファイバの電子顕微鏡写真（ここで用いた電子顕微鏡の公称分解能は1.5nm）
(a)全体像。クラッド外径は90μm
(b)コア先端の拡大図。C_tと記された表皮層は電子顕微鏡観察時に付着した汚染物の層

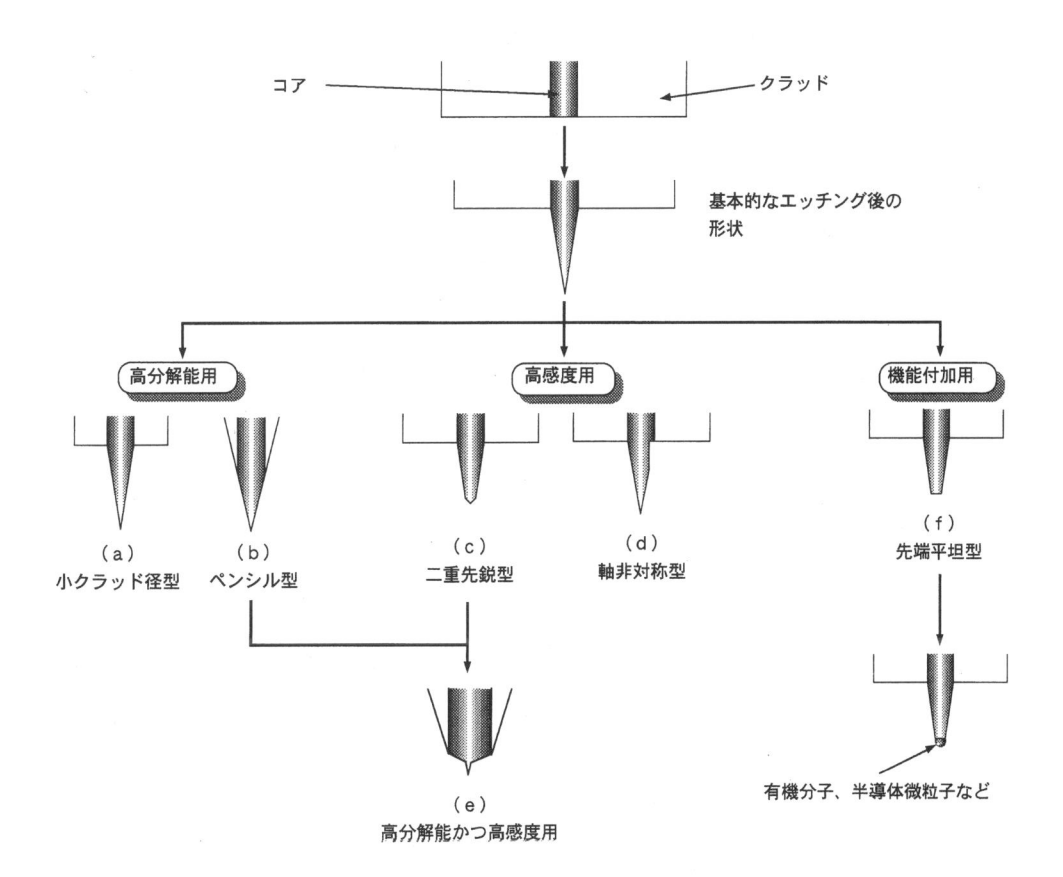

図3 エッチング法で加工された各種ファイバの断面形状の説明図

—57—

第Ⅲ部　要素技術編

(a)

(b)

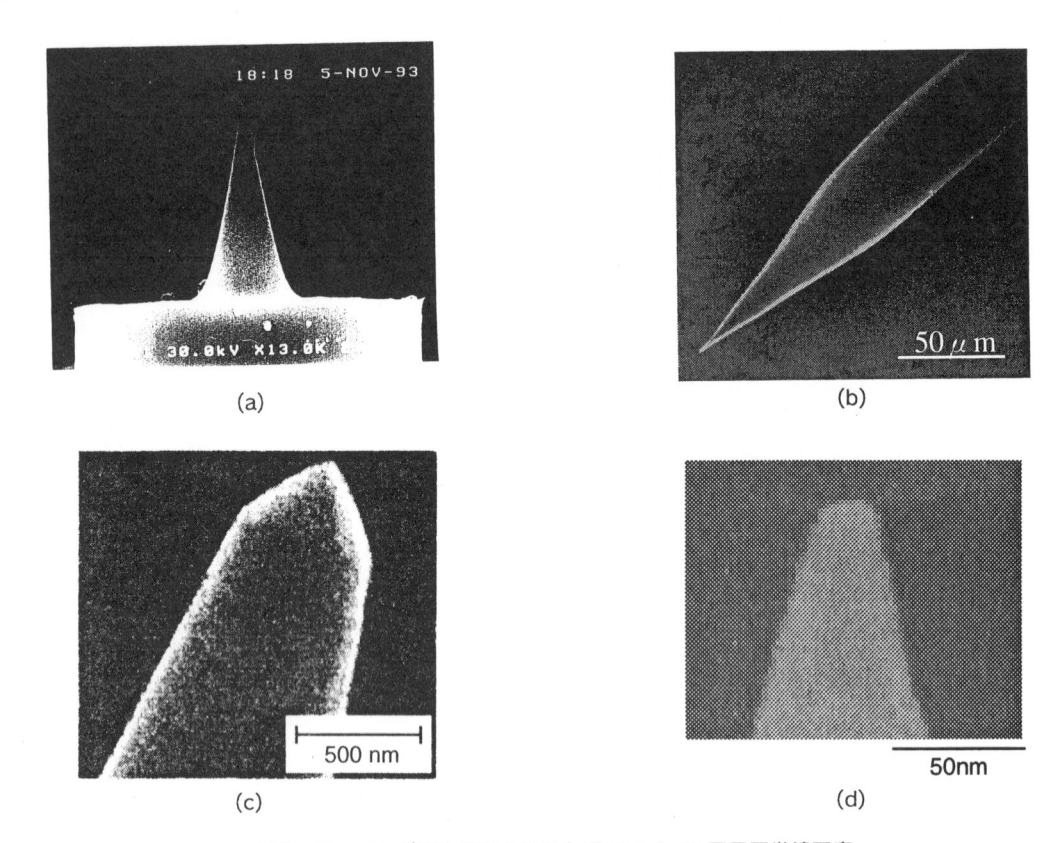

(c)

(d)

図4　エッチング法で加工された各種ファイバの電子顕微鏡写真。
（a）小クラッド径型。クラッド径は8μm。（b）ペンシル型。（c）二重先鋭型。（d）先端平坦型

2.1　高分解能用

上記の基本的方法で作成可能である。電子顕微鏡で観測した場合，図2に示したように先端曲率半径約2nmまたはそれ以下が確認されている。これは原子間力顕微鏡の市販カンチレバーの先端形状より小さい。これをもとに次の形状が考案されている。

(1)小クラッド径型

通常のファイバではクラッド外径が大きく（125μm），近接場光学顕微鏡用プローブとして用いるとき，クラッド端面の最外周の角部が試料表面に接するなどの問題がある。これを解決するために，あらかじめモル比Xの小さなエッチング液でクラッド外径を小さくしておき，その後上記の基本的エッチング溶液によりコア部を先鋭化する。これにより図4(a)に示すように小クラッド径のプローブが実現する[4]。クラッド外径はコア径の2倍程度まで小さくできる。

なお，このような小クラッド径のプローブを用いると機械的振動の共振周波数が増大し，プローブ位置制御に援用されているせん断応力の検出感度を向上するのに有利である。

(2)ペンシル型

先鋭部の形状は図4(a)と同様であるが，クラッド端面の最外周が角部を持たず，コア，クラッドあわせてペンシル形をしたものも実現できる（図4(b)）[5]。これは本節最後に示すように，金属膜蒸着の際に先鋭部全体に均一に蒸着できる利点を有する。

2.2　高感度用

先鋭角が小さいとそれに従って先端曲率半径が小さくなり，2.1の目的に有利であるが，1の③における変換効率が減少して感度が低くな

—58—

る。分解能を犠牲にしても感度をあげる目的のために以下の形状が加工されている。

(1)二重先鋭型

図4(a)と同様エッチングを二段階にわけて図4(c)のような二重先鋭型が考案されている[6]。ここではファイバ根本付近の先鋭角は2.1の場合と同等であるが，先鋭部のコア断面直径の値が光波長以下になる部分で先鋭角を大きくし，先端部までの距離をできるだけ小さくして，先端で散乱された近接場光がコア根本に達する効率をあげている。これにより2.1の場合より10倍以上大きな検出効率が実現している。

(2)軸非対称型

先鋭化コアをもつファイバはすべて軸対称である。従って，1の②～④に励振される伝搬光はHE_{11}モードである。これに対し，本節最後に述べるように，③部に蒸着された金属膜を利用し，コアと金属膜との境界でプラズモンが関与するHE_{11}モードを励振すれば導波モードへの結合効率が向上する。すなわち③部に導波モード変換機能を作りつければよい。そのために再現性のよい方法として，③部を軸非対称にすることが考案されている[7]。加工には収束イオンビームが用いられている。これにより検出効率は10倍以上向上している。

2.3 高分解能かつ高感度用（および紫外用）

2.2(1)ではコア先端付近の先鋭角を大きくするために空間分解能は低下する。分解能と感度の両方を高めるために，先鋭角の大きなコアの先端にさらに先鋭角の小さな突起部を実現する方法が考案されている[8]。これにはコア自身の動径方向屈折率分布が3段階になっているものをエッチングすることにより実現されている。

ところで従来のファイバは近赤外領域において伝送損失が小さくなるように設計製作されているので，青色～近紫外領域での使用時には1における④部の性能が低い。これに対しここで用いるファイバではコア部にGeO_2がドープされ

ていないため波長350nm程度の紫外域での使用が可能である。

2.4 機能付加用

後節で記す機能性プローブを作成するためには，有機分子，半導体微粒子などをプローブ先端に固定する必要がある。そのためにはエッチングを先鋭化途中で止めて図4(d)のようにコア先端を平坦化する[9]。この平坦部は上記の物質を固定するのに有利である。なお，このように先端が平坦であると，生体微粒子のように柔らかい試料表面をプローブ走査時に損傷することを避けられる利点を有する。

なお，以上のファイバプローブはエッチングによる加工後，図1(b)にも示したように根本部に金属膜を塗布する（図5）。金属膜塗布部から

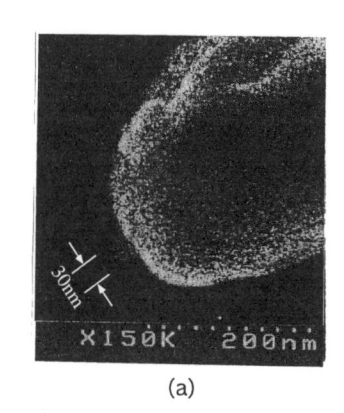

図5 金属膜を蒸着し，コア先端が突出したファイバプローブ
(a)電子顕微鏡写真　(b)断面形状説明図

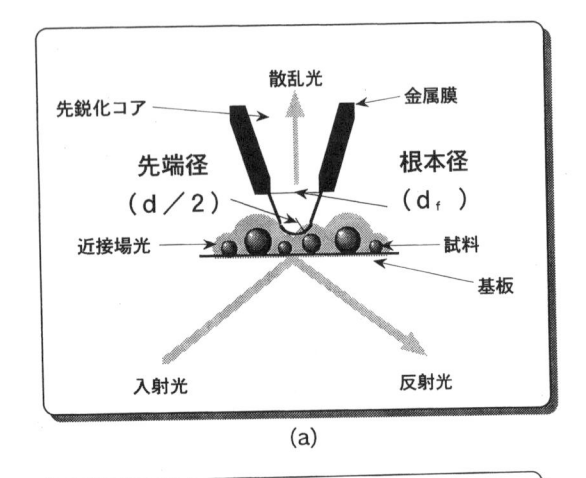

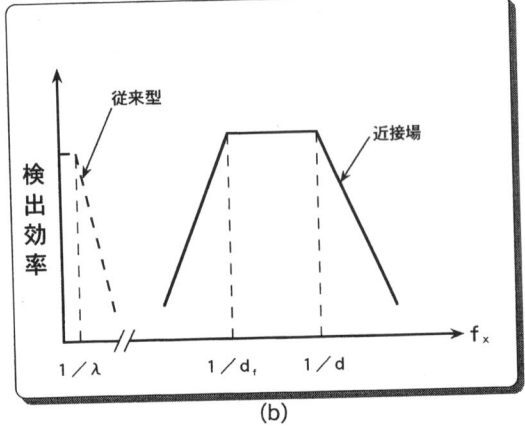

図6 ファイバプローブによる近接場光検出効率
(a)検出系の説明図 (b)検出効率の空間フーリエ周波数(f_x)依存性，dはプローブ先端径，d_fは金属塗布端の根本径，λは光源の光の波長

は光が出入りしないので，大きな物体のまわりの近接場光，さらには伝搬光を散乱することを防ぐことができる。従ってこれを顕微鏡などの計測に用いる場合，図6に示す様にファイバプローブは先端の曲率半径の値と根本の金属膜塗布端におけるコア断面半径の値との間の空間局在寸法をもつ近接場光のみを選択的に散乱する空間バンドパスフィルタとして働く。

塗布する金属膜材料としてアルミや金が用いられている。アルミは短波長域における光のしみだし厚みが金に比べて小さいので有利である。しかし酸化し易いこと，真空蒸着用のボートを腐食しやすいなどの欠点を有する。金は酸化しにくく化学的に安定であり，比較的蒸着が容易であるが，可視・短波長域における吸収係数の低下や，ファイバ用ガラスとの密着性が低いなどの問題がある。密着性を改善することを目的として，しばしばクロム(Cr)との重ね膜の形で使用される[9]。

コア根本のみに金属膜を塗布するには真空蒸着やスパッタにより金属膜を塗布した後，樹脂などのレジストを塗って，KI溶液によりエッチングして先端の金属膜を除去する方法[10]，同様に金属膜塗布後，フォトレジストを塗ってフォトリソグラフィにより先端の金属膜を除去する方法[11]などがある。また金属膜塗布には蒸着ではなく無電極メッキ法が考案されている[12]。この方法は塗布した金属の微粒子径を小さくできることなどの利点を有する。

(大津 元一，物部 秀二)

参考文献

1) T. Saiki, M. Ohtsu, K. Jang and W. Jhe, *Opt. Lett.*, **21**, 674-676 (1996)
2) K. Jang and W. Jhe, *Opt. Lett.*, **21**, 236-238 (1996)
3) T. Pangaribuan, K. Yamada, S. Jiang, H. Ohsawa and M. Ohtsu, *Jpn.J. Appl. Phys.*, **31**, L1302-L1304 (1992)
4) T. Pangaribuan and M. Ohtsu, *Electron. Lett.*, **29**, 1978-1979 (1993)
5) S. Mononobe and M. Ohtsu, *J. Lightwave Technol.*, **14**, 2231-2235 (1996)
6) T. Saiki, S. Mononobe, M. Ohtsu, N. Saito and J. Kusano, *Appl. Phys. Lett.*, **68**, 2612-2614 (1996)
7) 八井崇，興梠元伸，物部秀二，斎木敏治，大津元一，李明馥，筒井一生，第57回応用物理学会学術講演会予稿集，東京，1996, p. 780, 講演番号7pA11
8) 物部秀二，大津元一，第57回応用物理学会学術講演会予稿集，東京，1996, p. 778, 講演番号7pA6
9) R. UmaMaheswari, S. Mononobe and M. Ohtsu, *J. Lightwave Technol.*, 13, 2308-2313 (1995)
10) S. Mononobe, M. Naya, T. Saiki and M. Ohtsu, *Appl. Opt.*, **36**, 1496-1500 (1996)
11) T. Matsumoto and M. Ohtsu, J. Lightwave Technol., **14**, 2224-2230 (1996)
12) 物部秀二，石橋純一，阿部真二，本間英夫，大津元一，第57回応用物理学会学術講演会予稿集，東京，1996, 講演番号7pA5

プローブ(2) 金属プローブなど

1. 散乱型プローブの原理

　物体により散乱された光の場には，空間中を伝播する伝播光成分と物体近傍に局在するエバネッセント場成分がある[1]。このうちエバネッセント場成分では，光軸と垂直な方向の波数ベクトルが伝播光成分の波数よりも大きくなり，また光軸方向の波数ベクトルは純虚数となり，場は試料構造近傍に局在し空間中を伝播できない。従来の光学顕微鏡では，このうち空間中を伝播する光のみを対物レンズにより集光し，結像するため，その分解能は波長による回折限界を受ける（図1(a)）。このエバネッセント場領域内に微小物体（プローブ）を挿入すると，エバネッセント場は散乱により破壊され，その一部は伝播光に変換される（図1(b)）。微小物体を試料近傍で走査しながら，外部光学系を用いてファーフィールドにおいて微小物体からの散乱光を検出することで，像観察を行う，これが散乱型ニアフィールド光学顕微鏡の原理である。観察される像はエバネッセント場を含む試料構造による散乱場の分布を示している[*1]。このとき，得られる分解能は，微小散乱体の大きさ程度である[2]。

　電磁論的に見ると，ナノメートルサイズの大きさを有するプローブを，試料構造近傍においてナノメートルの精度で動かしたときに，ナノメートルオーダーで散乱場の境界条件が変わることから，ファーフィールドにおいて検出される散乱場強度の変化が，ニアフィールド光学像のコントラストを与えると考えることができる。

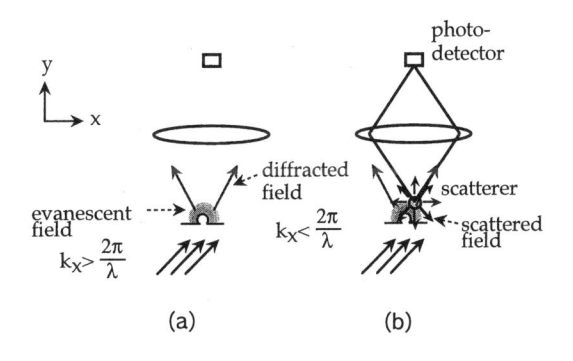

図1　散乱型ニアフィールド光学顕微鏡の原理図
(a)プローブがない場合　(b)プローブによる散乱

2. 散乱型プローブの特徴

　これまでに，散乱型プローブとして，金属プローブ[3,4]，レーザー・トラップされた微小誘電体球プローブ[5]，AFMのカンチレバー[6,7]，半導

体プローブ[8]，微小誘電体球に金属コートを施したプローブ[9]等が提案されている。

光ファイバープローブに対して，これら散乱型プローブの特徴として以下の点があげられる。

① 分解能は先端径だけで決まるため，プローブ先端を先鋭化するだけで，高分解能化が図れる。

② 導波中の吸収がなく，プローブ先端での散乱光を外部光学系で直接集光するため，開口数の高い光学系を利用することで集光効率をあげられ，信号光が微弱化しない。

③ 金属コーティングを施す必要がないため，プローブの細線化が容易で，深い凹凸にもプローブは追従できる。

④ 空間中を伝播する散乱光を検出するため，プローブの材質に制限がなく，紫外域～可視域～赤外域にわたって，用いることができる。

金属プローブではさらに，

⑤ 金属の散乱効率が，誘電体に比べて，1桁以上高いために，明るい散乱光が得られ，SN比の向上が図れる。

ただし，

⑥ プローブ以外の試料からの迷光成分を除去する必要がある。

この迷光成分を除去する方法としては，①試料と垂直な方向にプローブを微小振動させ，プローブ先端での散乱光を変調し，この信号をロックイン検出する方法や②暗視野照明法が用いられている。また，散乱光を干渉計測することにより散乱光の検出効率を向上させることで，1nmの分解能が得られたという報告もある[10]。

3. 金属プローブを用いたニアフィールド光学顕微鏡

3.1 金属プローブによる電場増強効果

金属プローブは金属ワイヤーに電解研磨や機械研磨を施すだけで作製することができ，プローブとしての構成は非常にシンプルである。機械研磨により先鋭化したプローブ(PtIr)がエバネッセント場を散乱する様子を図2に示す。ここでは，エバネッセント場を全反射照明法によりプリズム表面上に生成している。(a)ではプローブ先端でエバネッセント場が散乱され，伝播光に変換され，プローブ先端が明るく光る様子を，(b)ではプローブの状態がわかりやすいように背後から外部光により照明した様子を示す。図3

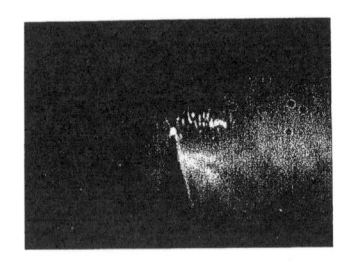

(a)

(b)

図2 エバネッセント場の散乱
(a)外部照明光なし (b)外部照明光有り

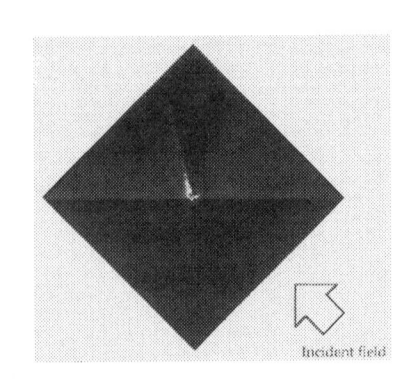

図3 FDTD法によるプローブにおける散乱場解析

に，'有限差分時間領域(FD-TD)法によりこの散乱を電磁論的に解析した結果を示す[11]。プローブ（先端径20nm）が試料表面近傍(8nm)にあることで，プローブ先端近傍に微小なスポットが形成される。スポット径は30nmで，プローブの先端径にほぼ等しく，プローブがない場合と比べて，スポット中心部の電場強度は約44倍に増強されている。この局所的な電場の増強効果が金属プローブの特徴で，またニアフィールド光学像のコントラストに寄与するものである。

3.2 STMによる位置制御

ニアフィールド光学顕微鏡の分解能は，プローブの先端径により決まるが，プローブ先端径程度の分解能を達成するには，プローブと試料間の距離を少なくとも先端径程度に保つ必要がある[12]。これまで報告されているニアフィールド光学顕微鏡では，トンネル電流，原子間力，あるいはシェアフォースを検出することで，プローブの位置制御を行うのが一般的である。金属プローブはこの中でも走査型トンネル顕微鏡(STM)の探針との併用が容易で，STM走査により試料のトポグラフィーが，NSOM走査によりニアフィールド光学像が同時に得られる。プローブの位置制御において，光ファイバープローブでは金属コーティングにより先端が太くなっているため，分解能の低下や像のゆがみなどが生じる[13]。一方，金属プローブではトンネル電流が流れるチャネルと光の散乱中心が一致し，このような問題点は生じない（図4）。

図5に，STM併用のニアフィールド光学顕微鏡の構成例を示す[14]。このシステムでは，生体試料等の透明な試料に対しては全反射光学系を

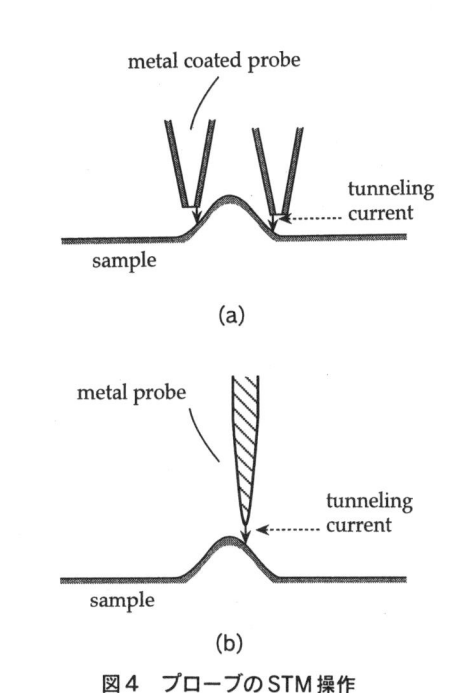

図4　プローブのSTM操作
(a)金属コーティングを施した光ファイバープローブ
(b)金属プローブ

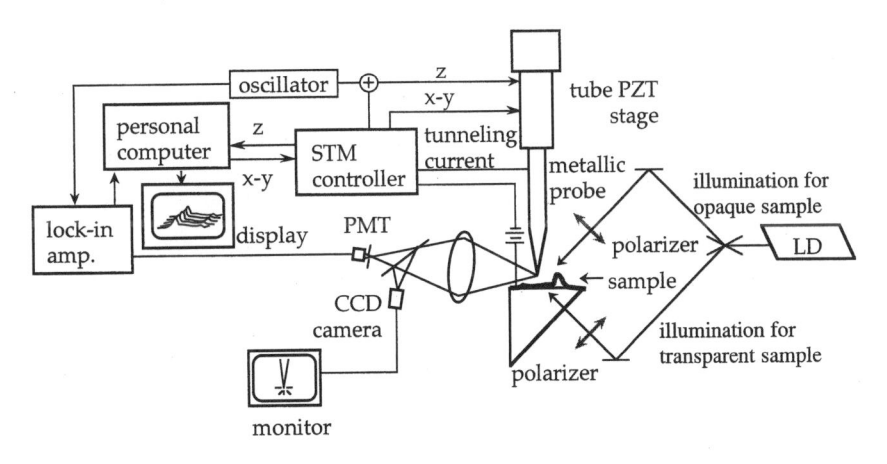

図5　STM併用ニアフィールド光学顕微鏡の構成

用いることで，半導体試料等の不透明な試料に対しては鏡面反射光が直接検出されない角度から照明光を入射することで，暗視野照明を行っている。プローブ先端からの散乱光は，長作動対物レンズにより集光し，フォトディテクターにより検出する。また，プローブと試料間を流れるトンネル電流によりプローブの位置制御を行うことが可能である（定電流モード）。

図6に，金属プローブを用いたニアフィールド光学顕微鏡により得られた光磁気ディスク基板（1.6μm間隔の周期構造を有する）の観察像を示す[14]。プローブには，PtIrを用い，また試料表面にはSTM用の電極として金を30nmコーティングしている。さらに，プローブを周波数10kHz，振幅0.5nmで微小振動させ，ロックイン検出を行うことで，迷光成分を除去している。図6において，(a)がニアフィールド光学像，(b)がSTM像で，ともに走査範囲は5μm×5μm，走査ピッチは10nm×10nmである。これらの像を比較すると，ニアフィールド光学像は試料のトポグラフィーを直接反映するものではなく，試料表面に局在する電場を示すことがわかる。特徴的な点は，エッジ部の検出強度の方が平坦なランド部より強いこと，およびランド部に干渉縞が形成されていることである。前者は，エッジ部の構造が微細である（高い空間周波数成分を有する）ため，エバネッセント場の局在が強いことにより，また後者については，試料の周期構造により生じたエバネッセント場化した高次の回折光間の干渉によるものである。

3.3 応用
(1)生物

図7に，生体試料（ラットの胎児の心筋細胞：金を30nmコーティングした）の観察像を示す[15]。(a)がニアフィールド光学像，(b)がSTM像で，走査範囲は10μm×10μm，走査ピッチは40nm×40nmである。STM像から，細胞が円形

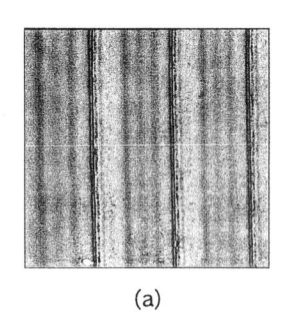

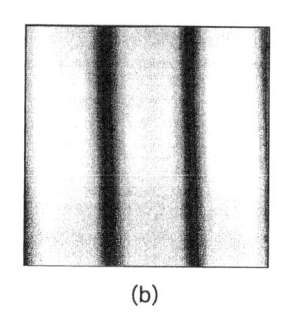

図6 光磁気ディスク基板の観察像
(a)ニアフィールド光学像
 （P偏光照明，P偏光検出；右方向から全反射照明）
(b)STM像

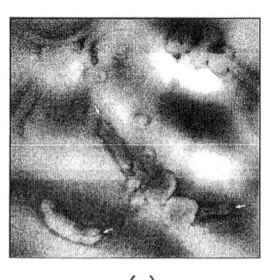

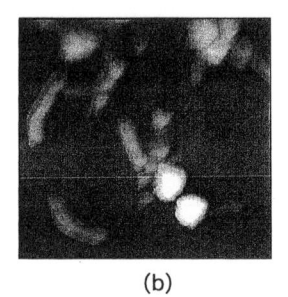

図7 生体試料の観察像
(a)ニアフィールド光学像
 （P偏光照明，P偏光検出；右方向から全反射照明）
(b)STM像

の組織および楕円型の組織から構成されていることがわかる．楕円型の組織において，ニアフィールド光学像では矢印で示したところに微細な溝構造が観察される．一方，STM像すなわちトポグラフィック像ではそのような構造は観察されない．ニアフィールド光学像で見られるこの構造は，組織内部の構造の変化による屈折率分布が可視化されたものと考えられる．

(2) 半導体

図8に，240nm周期のシリコン製の回折格子を，反射型モードにより観察した結果を示す[16]．(a)がニアフィールド光学像，(b)がSTM像で，走査範囲は1μm×1μm，走査ピッチは8nm×8nmである．図6と同様に，ニアフィールド光学像では，空間周波数成分の高い領域であるエッジ部において電場の局在が強くなっていることが観察される．

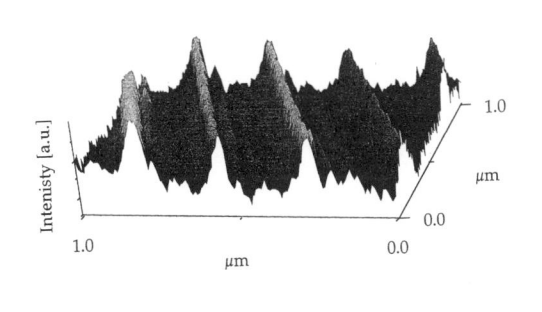

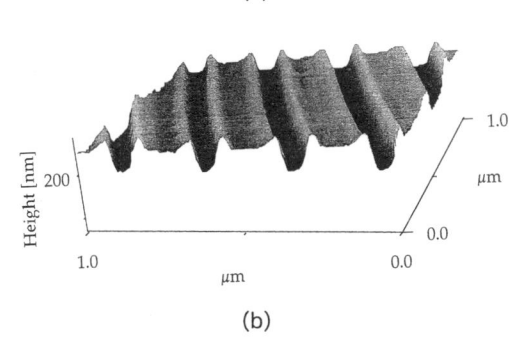

図8 微細周期構造を有する半導体試料の観察像
 (a)ニアフィールド光学像
  (P偏光照明，P偏光検出；右上方から照明)
 (b)STM像

4. まとめ

散乱型プローブ，特に金属プローブを用いたニアフィールド光学顕微鏡に着目してその原理，特徴および実施例を示した．実施例では，金属プローブを用いたニアフィールド光学顕微鏡により観察した表面に局在する場のイメージングの具体例をいくつかあげた．ここで示したニアフィールド光学像は，試料のトポグラフィーをそのまま反映するいわゆるチップモーションによるアーティファクト[17]ではなく，構造に局在する電場が可視化されたものである[18]．また，最近のトピックスとしては，金属プローブを用いたニアフィールド蛍光励起法の提案ならびに基礎実験が報告されている[19]．このように，金属プローブを用いたニアフィールド光学顕微鏡も，生体試料，半導体，あるいは蛍光試料等の観察が可能であり，さらに，その特徴を最大限利用することにより，分解能をナノメートルオーダーにまで広げる可能性を有している．

(井上 康志)

注

*1 微小開口を用いたニアフィールド光学顕微鏡においても，微小開口によりエバネッセント場を形成し，そのエバネッセント場を試料の微小構造により散乱させ，試料構造の観察を行うため，原理は散乱型と同じである．

参考文献

1) E. Wolf and M. Nieto-Vespeinas : J. Opt. Soc. Am. A, 2 (1985) 886-889.
2) C. Girard and D. Courjon : Phys. Rev. B, 42 (1990) 9340-9349.
3) Y. Inouye and S. Kawata : Opt. Lett., 19 (1994) 159-161.
4) S. Kawata and Y. Inouye : Ultramicroscopy, 57 (1995) 313-317.
5) S. Kawata, Y. Inouye and T. Sugiura : Jpn. J. Appl. Phys., 33 (1994) L1725-L1727.
6) N. F. van Hulst, M. H. Moers, O. F. J. Noordman, R. G. Tack, F. B. Segerink and B. Bolger : Appl. Phys. Lett., 62 (1993) 461-463.

7) M. Abe, T. Uchihashi, M. Ohta, H. Ueyama, Y. Sugawara, and S. Morita. Opt. Rev., 4 (1997) 232-235.
8) F. Zenhausern, M. P. O' Boyle and H. K. Wickramasinghe : Appl. Phys. Lett., 65 (1994) 1623-1625.
9) U. Ch.Fischer and D. W. Pohl : Phys. Rev. Lett., 62 (1989) 458-461.
10) F. Zenhausern, Y. Martin and H. K. Wickramasinghe : Science, 269 (1995) 1083-1085.
11) 古川祐光, 河田 聡：近接場光学研究グループ第4回研究討論会予稿集, (1995) 7-12.
12) T. Nakano and S. Kawata : J. Mod. Opt., 39 (1992) 645-661.
13) K. Lieberman and A. Lewis : Appl. Phys. Lett., 62 (1993) 1335-1337.
14) Y. Inouye and S. Kawata : J. Microscopy, 178 (1994) 14-19.
15) Y. Inouye and S. Kawata : Near Field Optics-3, European Optical Society Topical Meetings Digest Series, 8 (1995) 57-58.
16) Y. Inouye and S. Kawata : Opt. Commun. 134 (1997) 31-35.
17) B. Hecht, H. Bielefeldt, Y. Inouye, D. W. Pohl and L. Novotny : J. Appl. Phys., 81 (1997) 2492-2498.
18) H. Hatano, Y. Inouye, and S. Kawata : Opt. Lett. (accepted for publication).
19) Y. Inouye, N. Fujita, W. Bacsa, and S. Kawata : CellVision, 4 (1997) 162-163.

プローブ（3）
微小球プローブなど

　微小な突起を有するプローブを用いたSNOMでは，従来の方法によるSNOMの欠点の多くが解消される。即ち，①SN比に優れ，②試料材質に依存せず，③nmオーダの試料表面形状観測が可能である。以下では，この微小突起プローブを用いたSNOMの開発について述べる[1,2]。

1. 微小突起をプローブとしたSNOM

　このタイプのSNOMでは，試料の三次元走査のための送り機構を有する走査型光学顕微鏡において，プローブ部を四角錐形状の石英基板とその頂点に固定した微小突起により構成し，微小突起を試料に対向させ，その反対側から基板に全反射条件でレーザー光を入射し，試料からの散乱光を基板上方において検出する。このSNOMの特徴は，石英基板表面に形成したエヴァネッセント波で微小球プローブを照明し，その周りに特異な近接場を形成する点にある。この近接場と試料表面とが相互作用し発生する散乱光を検出して試料像を形成する。平面基板と球状微小突起を用いる場合には，まず，透明な基板の表面にプローブとなる微小突起を付ける。この基板にS偏光の光を内側から全反射条件で入射させることで，基板表面にエヴァネッセント波が形成される。エヴァネッセント波は界面に平行な進行波なので突起を照明する。突起は，エヴァネッセント波を散乱し散乱光を発生すると共に，自身の周りに特異な近接場を形成する。これを試料表面に近づけると，近接場における電場と試料との相互作用によって散乱光強度に変化が生じ，この変化を検出することで試料の表面形状を得ることが出来る。

　この方法では，突起周りにその形状を反映する局所的な近接場領域が形成され，同じ径のピンホールを用いる方法よりも高空間分解能を達成できる可能性がある。また，基板側から散乱光を検出する反射型であるため，試料に制限を与えない利点を持つ。さらに，入射光と検出光とは方向が異なるので，SN比が良いという利点も合わせ持つ。

　試料に制限を与えないため，導体，絶縁体を問わず，あらゆる試料についてnmオーダの空間分解能による表面形状計測が可能であることから，nmオーダの局所的な光学物性計測，さらには光化学反応を利用した微細加工も可能となる。また，光学顕微鏡と一体構造であるため，広視野からのズーミングが可能で，プローブ形状を工夫することによって，あらゆる形状の試料の観察が可能となる。

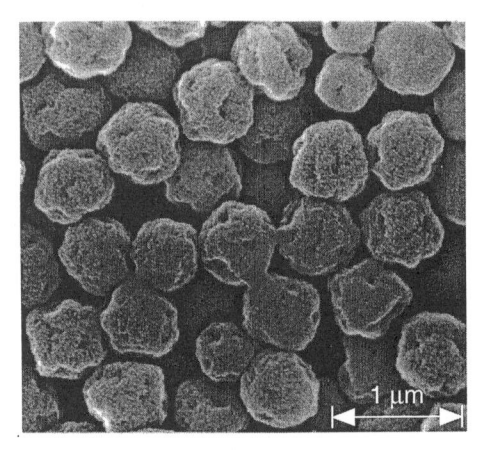

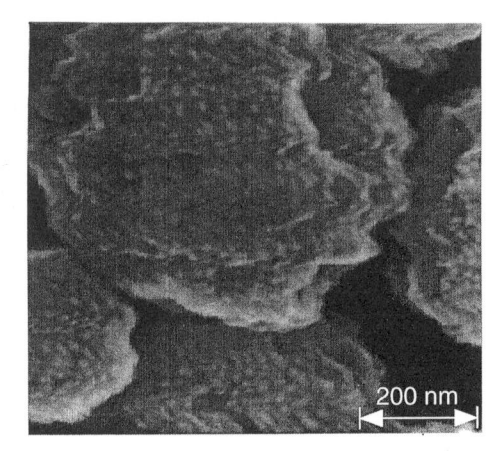

(a)低倍率像　　(b)高倍率像

図1　ポリスチレンラテックス球（平均直径500nm）のSEM写真

2. ポリスチレンラテックス球を用いたプローブ部の製作

我々の最近の実験では，球状微小球プローブとして図1に示すようなポリスチレンラテックス球（以下PL球と略す）を使用している。真球に近い形状を期待したが，表面には非常に多くの凹凸が存在した。後で述べるように，逆にこのことがSNOMとしての横分解能を上げる役割を果たした。

装置構成は，図2に示すように
① プローブ部

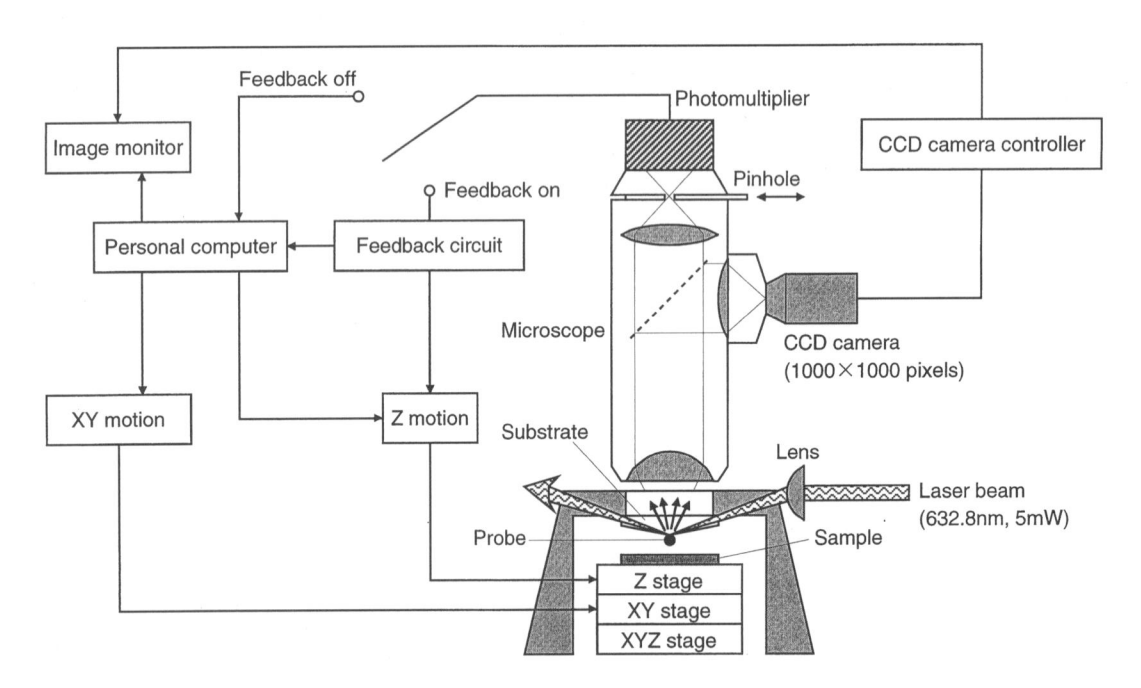

図2　微小球をプローブとしたSNOMシステムの構成図

②プローブ周辺に近接場を形成するレーザー照射系
③プローブからの散乱光を集光し検出する光検出系
④試料をプローブに近づけて三次元的に走査する，インチワームやPZT素子を用いたxyz走査系
⑤試料—プローブ間距離を制御するFeedback制御系

で構成されている。FeedbackをONにした場合は，検出光強度が一定，即ち試料—プローブ間距離を一定に制御して走査する。FeedbackをOFFにした場合は，走査時に試料—プローブ間距離が変化することによる検出光強度の変化を検出して試料表面形状を測定する。

プローブ部には，縦分解能を上げるために，電界強度変化がプローブからの距離に敏感であること，また横分解能を上げるために等電界強度領域が横方向に狭いことが要求される。我々は，このような条件を満たすプローブ球としてPL球を選択した。

四角錐形状の石英基板の頂点に，図1のようなPL球（直径500nm，旭化成製）を1つ付着させたものを試料表面の走査部とした。基板を四角錐形状としたことで，平面試料測定時における基板と試料との平行度に対する要求が緩和され，測定が容易になった。さらに，四角錐形状の先端角度は入射光の全反射条件を満たす角度とし，頂点を超精密研磨により半径1mm程度の球面に仕上げて，微小球以外の部分における散乱光の発生を防止した。

PL球は，凝集を防ぐため懸濁液として保存されており，1cc中に約7000個のPL球が含まれている。PL球の基板への取り付け方として，
①乾燥したPL球を基板頂点に接触させる，
②水中に懸濁させたまま水滴として基板頂点につけ，水を蒸発させる

という2つの方法が挙げられる。①の方法は，光学顕微鏡により観察できるが，基板との接触時にPL球が変形したり，基板にうまく付着しない場合が多かった。②の方法は，基板頂点に水滴を付着させることが出来た場合，水の蒸発後にPL球が基板の頂点に残留し，位置の固定もできる。このため，測定に用いるプローブは，②の方法により作製した。PL球の懸濁液を約10万倍に希釈し，その液滴を直径30μmのガラス繊維の先端につけ，光学顕微鏡観察による位置制御を行って基板頂点に液滴を付着させた。作業中の液滴からの水分の蒸発を防ぐため，以上の操作は相対湿度100%近くに飽和させた容器内で行った。

3. プローブ部の光学的特性

3.1 検出光の偏光状態

こうしてできた基板内に，PL球が付着している面の対向面（＝四角錐の底面）から，全反射条件を満たす入射角度でHe-Neレーザー光（波長:632.8nm,出力:5mW）を入射した。入射光の偏光状態は，電場が入射面と直交するS偏光とした。これは，直径100μmのソーダガラス球を用いたプローブ部を試用したところ，検出光強度の距離依存性が検出光のS偏光成分にのみ現れたことに起因する。

プローブから放射される光の集光には光学顕微鏡を用いた。これにより，対物レンズの開口数に応じた収差の少ない明るい集光系を形成するとともに，プローブ部の様子をその場観察できる。光学顕微鏡の撮影用像面に可動式のピンホール（直径400μm→試料上で直径1.5μmにあたる。PL球の輝点は1.4μm程度である）を設けることで，PL球より放射される光のみを抽出し，PMTにより光電変換しているので，SN比の高い測定が可能となっている。

ここで，プローブから光が放射される機構の解明が，近接場での現象の理解，最適なプローブ設計に欠かせないため，検出光の偏光特性を調べた。

プローブからの光を集光している光学顕微鏡

の光路中に偏光フィルタを挿入し，検出光の偏光状態を調べたところ，基板への入射光の偏光と同じS偏光であった。従って，検出光は，入射レーザー光がPL球内に入り込みランダムに反射されたものではないことが確認できた。

検出光の偏光方向が入射光の偏光方向を保存することから，プローブからの放射光は微小な散乱体による光散乱現象と考えられる。我々の装置では，全反射条件の入射レーザー光によって基板表面にエヴァネッセント波が形成されており，この光をプローブで散乱させている。プローブによる光散乱現象は，電気双極子を使って説明すると次のようになる。基板表面のプローブにエヴァネッセント波を照射すると，プローブ中の電子はエヴァネッセント波の振動電界を感受して振動する。このことは，プローブ内に電気双極子が誘起されたことを表す。電気双極子の振動により発せられる電磁波の偏光面は，双極子の振動方向と一致するので，検出光の偏光が入射レーザー光のそれと一致したことが説明できる。また，電気双極子は遠隔場に伝搬光を放射すると共に，双極子自身の周りに近接場を形成する。従って，プローブの周りにはプローブ内の各双極子の近接場を足し合わせた場が形成されていることになる。この領域に試料物質が入ると，近接場と物質との相互作用が生じることになる。

3.2 試料やプローブの屈折率の影響

近接場と試料との相互作用の結果発せられる光（＝検出光）は，両者間の距離に非常に敏感である。この現象を利用することで空間分解能の高い顕微鏡が実現できる。そこで，この検出光強度の試料—プローブ間距離依存性が試料やプローブの材質によってどのように変化するかを調べた。図3は，様々な材質の試料を用いた場合の検出光強度の距離依存性を示している。図3の横軸は試料—プローブ間距離，縦軸は検出光強度を表す。この図の中でnは波長632.8nmに対する屈折率，rは振幅反射率を示している。この図3から，各試料に対して，試料—プローブ間距離を小さくすると検出光強度に急激な変

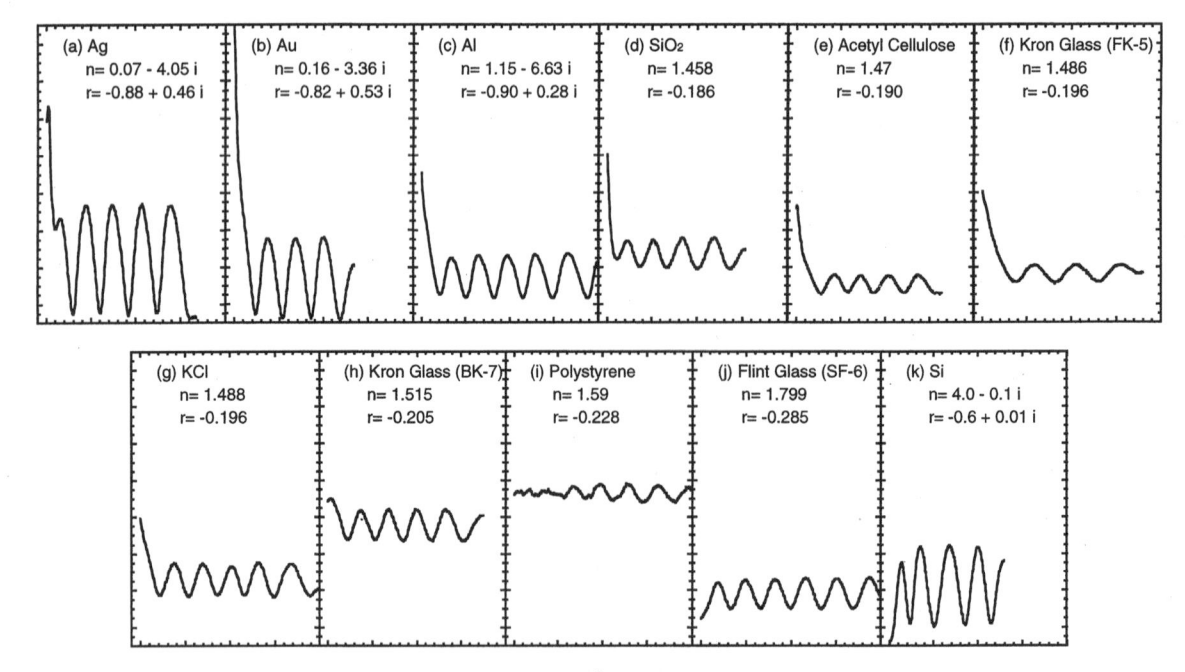

図3 検出光強度の試料材質依存性（プローブ材質：Polystyrene, n = 1.59）
縦軸は検出強度 [a. u.]，横軸は試料—プローブ間距離 [1目盛＝100nm] を表す

化が見られることが分かる。この急激な変化は，試料材質により異なっており，試料の屈折率の実部と関係していることが図3より分かる。屈折率の小さい試料（図3(a～h)）ほど，近接場での検出光強度の増加が激しくなっているが，プローブ材質と同じ試料（図3(i)）では，検出光の強度変化が無くなり，屈折率の実部がプローブ材質よりも大きな場合（図3(j, k)）では，逆に検出光強度が減少している。また，近接場以外の領域では，検出光強度はレーザー波長の1/2の空間スケールで周期的に振動している。これは検出光の成分として，プローブからの直接光と，試料表面で反射された光とが干渉した結果である。現段階では，プローブ材質はポリスチレンであるが，さらに屈折率の高い材質に変えることで，検出光強度の変化をより急峻にし，高空間分解能が達成できると考えられるので，図3はプローブの設計指針を与える重要な結果であると考えている。

4. PL球をプローブとしたSNOMの実際

ここからは，試作したSNOM装置により標準試料を測定し，空間分解能の評価を行った結果について述べる。

標準試料は，①清浄なSiウェーハ(2cm角)に銀を100nm程度蒸着し，②その上にエチルアルコール中に分散させた直径100nmのアクリル球を均等に散布し，エチルアルコールの蒸発後，③形成したいステップの厚さだけさらに銀を蒸着し，④アクリル球を除去して作製した。この結果，直径100nmの円筒形の窪みを持つ銀の蒸着薄膜が得られた。③での蒸着量の制御により，窪みの深さを20, 10, 5, 2, 1nmの5種類とする標準試料を作製した。これらの試料を，検出光強度が一定になるようにFeedback制御を行って走査した結果が図4である。図4(a)は深さ20nmの標準試料，図4(b)は深さ5nmの標準試料の測定結果であり，測定範囲は200nm×200nm，測定点は51点×51点である。両データともそれぞれ測定に20分を要した。5種類の標準試料の測定結果より，本装置では深さ2nmの窪みまで測定できており，縦分解能は2nm以下が達成できている。また，窪みの縁の断面形状から評価して横分解能10nm以下が達成できている。さらに，銀蒸着面にあたる部分の凹凸が実際の表面粗さを示しているならば，縦および横分解能はnm以下に達している可能性がある。

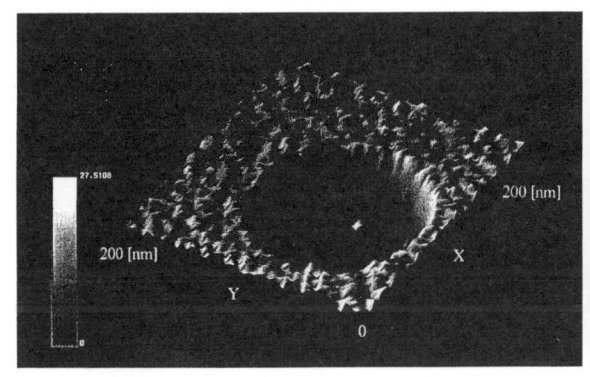

Freeback : On
Scan dir : X-axis
Scan area : 200 [nm]
Division : 50
1 step : 4 [nm]

(a)深さ20nmの標準試料の測定結果

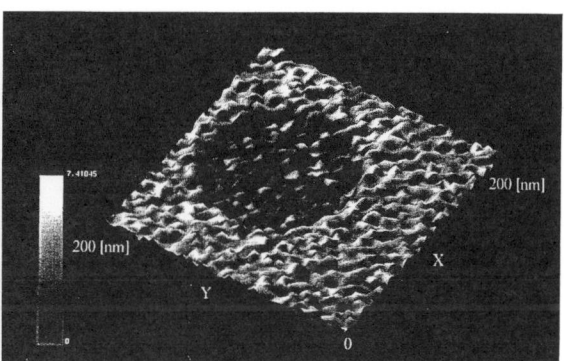

Freeback : On
Scan dir : X-axis
Scan area : 200 [nm]
Division : 50
1 step : 4 [nm]

(b)深さ5nmの標準試料の測定結果

図4　PL球プローブにより測定された標準試料の表面

5. 微小球プローブの今後

プローブ球の直径に比べて10nm以下という高い空間分解能が得られた理由は，**図1**に示したようにPL球表面に無数の微細な凹凸があり，その1つが真のプローブとして働いたためと考えている。実際，高い空間分解能が得られるかどうかは，プローブとしてのPL球の状態に左右された。多くの場合，**図3**に示したように近接場領域での検出光の増加は観測されたが，標準試料の窪みが観察できるほどの空間分解能は得られなかった。PL球の交換により**図4**のような測定結果が得られる確率は5%程度である。そこで，再現性のあるプローブの作製を目指して，次に示すような「共振球プローブ」を提案する。

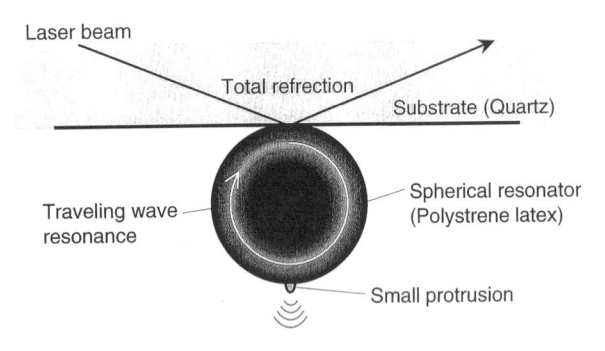

誘電体微小球をレーザー光で照射すると，その光は微小球内面を回転しながら伝搬し，一周して位相がそろったとき共振が起こる。この共振はwhispering gallery resonanceと呼ばれ[3]，良く知られた現象である。これを利用して微小球周りに高強度のエヴァネッセント波を発生させ，**図5**に示すようにその一部に微小突起を付着させてプローブとする。共振球としての微小球は小さいほど良いが，共振のQ値を大きくすること，光学顕微鏡下で操作できることを考慮した場合，数μm程度の誘電体球が適当である。この球は透明基板上に固定され，基板からのエヴァネッセント光で照明される。この場合，球全体が一様に照明されている場合とは異なる可能性があるので，微小球周りの電磁界解析を境界要素法により試みた。

解析は二次元モデルで行い，円柱状のプローブが平面基板の下に固定され，基板内面からS偏光（電場は円柱の軸に平行）で照明する場合を想定した。計算パラメータとして，He-Neレーザーの波長＝632.8nm，石英基板の屈折率＝1.458，ポリスチレン円柱の屈折率＝1.59，空気の屈折率＝1.0を用いた。

円柱直下の電場強度は，共振が起きた場合，円柱（球）の直径と光の入射角とをパラメータとして極大値をとる。**図6(a, b)**はプローブ直径

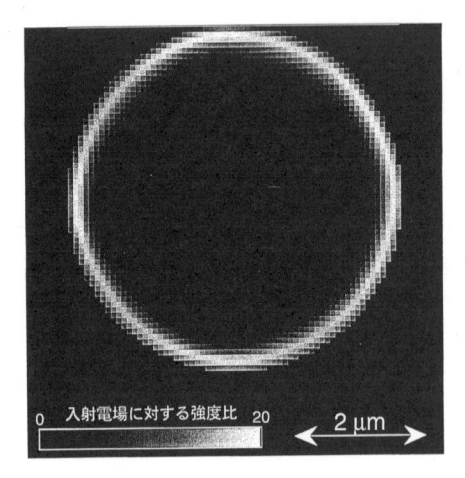

図5　「共振球プローブ」の概念図

(a)微小球内の電場強度分布 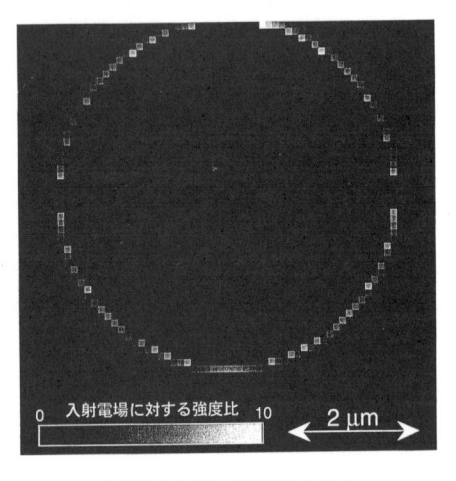　　(b)微小球外の電場強度分布

図6　微小球の共振時における電場強度分布

表1 SNOM装置の構成機器

機器名	製造元と型番	仕様およびSNOM装置における役割
He-Neレーザー	日本電気, GLG5350	波長632.8nm, 出力5mW, プローブ部照明用
光学顕微鏡システム	オリンパス光学工業, BH-MJ-F	光検出系構成用
光電子増倍管	浜松ホトニクス, R374	プローブ部からの光の検出用
デジタルPZT素子	Queensgate Instruments Ltd, DPTC-S411&CM13510/411	アナログ応答:0.8μm/V, デジタル応答:1nm/bit, 試料走査用
円筒型PZT素子	松下電子部品, PCM-80	Response:0.9nm/Step, 試料走査用
インターフェースボード	インターフェース, 98DIO(96)T	PZT素子駆動用
XYZステージ	シグマ光機, Σ-215S-(2)など	試料位置の粗調用
インチワーム	バーレイ社, UHVC-100	Response:1μm/step, 試料位置の粗調用
直流高圧電源	松定プレシジョン, HVR-1.5P	出力電圧:0-1.5kV, 精度0.005%, 光電子増倍管制御用
DA型ソケットアセンブリ	浜松ホトニクス, C1556	光電子増倍管の電流－電圧変換用
A/D変換ボード	アドテックシステムサイエンス, AB98-05A	DA型ソケットアセンブリの信号取り込み用
高出力増幅器	メステック, M-2601	インチワーム駆動用

が5056nmで入射角64°の場合の計算結果であり，プローブ内部および外部の電場強度分布を示している。図6(a)では，プローブ内面に沿って電場強度の強い部分が一様に存在し，プローブ表面から100nm程度内部に入ったところで極大値（～入射電場強度の20倍）を持っている。また，プローブと空気との境界においても，入射電場強度の10倍程度の電場が存在している。図6(b)は，プローブ外部の電場強度分布を示し，プローブ表面から100nm程度で電場は急激に減衰している。この計算では，ポインティングベクトルが図5に描いた右回りの矢印ように，円周に沿って回転していることも明らかとなった。

以上の計算結果から，基板に取り付けられた微小球もその直径に応じて共振し，その表面に強い電場が形成されることが分かった。従って，これらの共振球の先端にさらに微小な突起をつけ，これをプローブとすれば，図6(b)に示した強い電場を局所的に集中させることができ，SNOMにおける空間分解能を上げることが出来ると考えられる。その場合，検出光のSN比を良くするためには，共振球からの散乱光を抑え，微小突起のみからの散乱光を検出する必要がある。さらに，2.3節の結果もふまえて，微小突起の大きさ，材質にも注意を払う必要がある。我々は以上のような「共振球プローブ」の共振球候補として直径5μmのPL球，共振球表面に設ける微小突起の候補として，図3の結果を考慮し，屈折率の大きなTiO$_2$粉末（平均直径30nm）に着目し，現在研究を進めている。

最後にSNOM装置の構成に用いた機器を表1に挙げておく。

（片岡俊彦，押鐘寧）

参考文献

1) T. Kataoka et al., ultramicroscopy **63**, 219 (1996).
2) 片岡俊彦他, 精密工学会誌 **60**, 1122 (1994).
3) R.K.Chang and A.J.Campillo, Optical Processes in Microcavities (World Scientific, 1996)

プローブ（4）
原子間力顕微鏡プローブとの組合せ
ファイバープローブ等

1. はじめに

　原子間力顕微鏡方式のSNOMプローブとしては，順に，ベントしたキャピラリプローブ，窒化シリコンのマイクロカンチレバーを金属被覆なしにそのまま用いたプローブ，そして，ベントした光ファイバープローブの3タイプを挙げることができる。**図1(a)**に示すように，キャピ

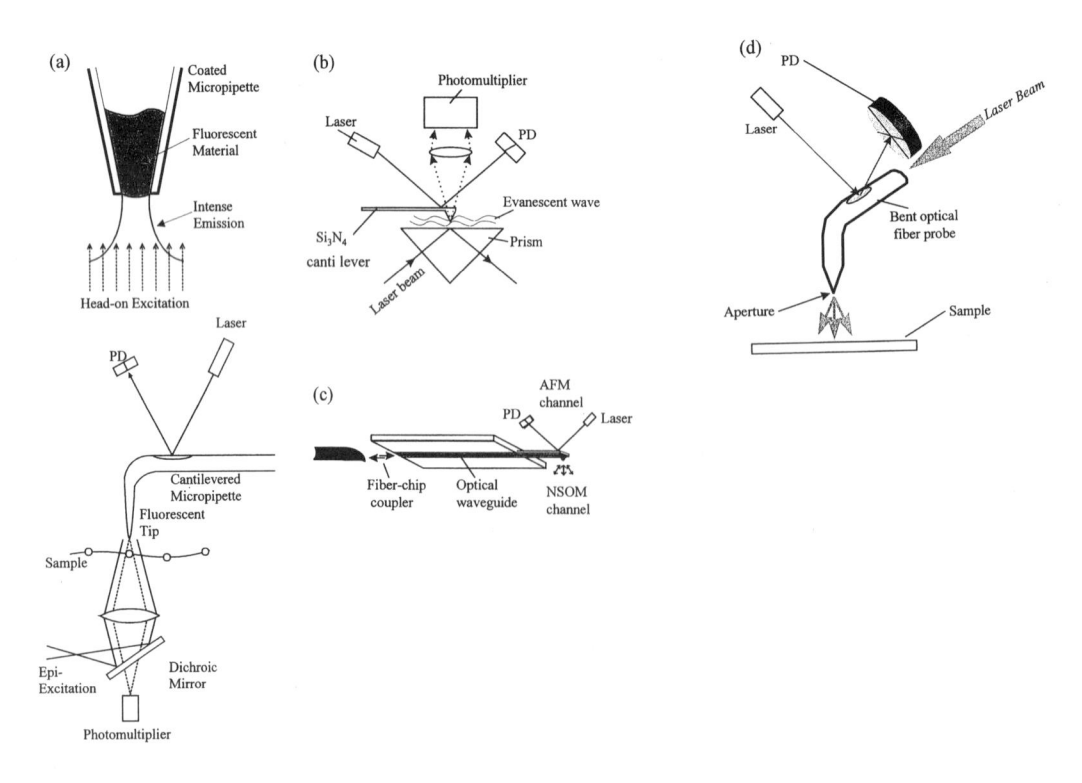

図1　原子間力検知方式SNOMプローブの模式図．
(a)キャピラリプローブ　(b)窒化シリコンプローブ　(c)導波路形成プローブ　(d)光ファイバープローブ

ラリのプローブは,先端に色素ドープを施し,そこで発する蛍光をイルミネーション光として用いるものが提案されている[1]。窒化シリコンカンチレバーの場合は,**図1(b)**のように,PSTMモードで,窒化シリコンのプローブ先端で光を散乱させる方式が提案されている[2]。一方,薄膜プロセスを利用することで,**図1(c)**のように,表面に光導波路を形成し,イルミネーションモードを可能にするプローブの開発も進められている[3]。AFM方式のSNOMの中で,実用的に使用されているのは,**図1(d)**に示す,ベントした光ファイバープローブであり,金属コートによって微小開口を形成することで,イルミネーションモードでの利用を可能にしている[4〜6]。この項では,特に,このベントした光ファイバープローブの製作法と特性について述べる。

2. ベントタイプ光ファイバープローブの作製法

ベントタイプの光ファイバープローブ(アパチャタイプ)の作製法について
①先端形状の作製
②カンチレバー形状の作製
③開口部の作製,の順に述べる(**図2**)。

まずプローブ材料としては,マルチモードファイバーはコア径が大きくレーザー光のカップリングが容易で多くの光量を取り出せるが,ファイバーに触るとモードの伝搬が変わり光量が変化してしまうので基本的にはシングルモードファイバーを用いている。500nm帯のシングルモードファイバーでは,コアはGeO_2がドープ(ドープ率は数種ある)されたSiO_2,クラッド

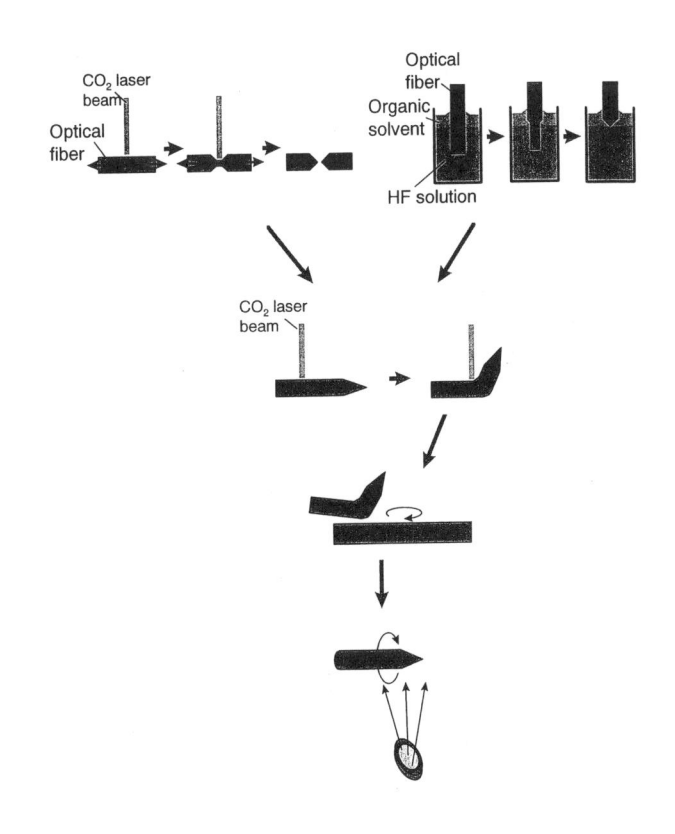

図2 ベントタイプ光ファイバープローブの作成プロセス

はSiO$_2$からなり，コア径は3.5μm，クラッド径は125μmである。先端部の尖鋭化法にはエッチング法と熱引き法，また両者の混合法もある。ここでは基本的なエッチング法と熱引き法について説明する。

エッチング法としては種々の方法が提案されているが，容易な2相エッチング法を紹介する。この2相エッチング法は高濃度フッ酸溶液ではフッ酸の気化のため濃度が変化してしまうことと，液／気界面ではプローブ表面をなめらかにエッチングできないことから，エッチング液の上にヘプタンなどの有機溶媒を展開して2相状態とし，その界面より下のフッ酸溶液中でエッチングを行う方法である。125μmのシングルモードファイバーは50%HF溶液(wieght%)に40min浸すことで完全に尖鋭化される。このエッチングにおける化学反応は以下のような反応であると考えられる。

$$SiO_2 + 6HF \rightarrow H_2SiF_6 + 2H_2O$$
$$H_2SiF_6 + NH_3 \rightarrow (NH_4)_2SiF_6$$
$$GeO_2 + 6HF \rightarrow H_2SiF_6 + 2H_2O$$
$$H_2GeF_6 + NH_3 \rightarrow (NH_4)_2GeF_6$$

このようなエッチング反応ではエッチング液の組成を変えることでコアとクラッドのエッチング速度の比を変化させることができる。このエッチング液の組成は一般に50w% HF，50w% NH$_4$F，H$_2$O の混合比 NH$_4$F: HF:H$_2$O=X:1:1 のXの量を変えることにより調整する。反応により生成した(NH$_4$)$_2$SiF$_6$, (NH$_4$)$_2$GeF$_6$のエッチング液への溶解度の差によりコアとクラッドのエッチング速度に差が生じる。これを利用してテーパー形状や太さなどを制御することもできる。

熱引きの場合は，両端を引っ張った状態に固定したファイバーにCO$_2$レーザー光を集光することでファイバーの一部が局所的に融解し始め，ファイバー両端が機械的な力で引かれることで，ファイバーはペンシル型に引き延ばされ，最後に破断する。レーザー光の強度と照射面積そして張力の大きさによって，破断面とテーパー角を制御することができる。破断面は20nm程度まで細くすることも可能である。

カンチレバー型のプローブを作製するには，先端部を尖鋭化したファイバーのプローブ先端から約0.4mmの位置にCO$_2$レーザー光を集光する。レーザー光が当たった部分はSiO$_2$が軟化し，レーザー側とその逆側との表面張力の差でファイバーを曲げることができる。プローブの位置制御の検出に光てこを用いる場合には，曲げたプローブの背面にキャピラリ研磨機でミラー面を作製する。

アパチャタイプのプローブの場合，プローブ先端部分のごく微少領域だけを残しファイバー全体に金属をコーティングすることによって開口部を作製する。金属材料には可視光を使う場合，反射率の大きいAlを使うのが一般的であるが，液中用のプローブでは，液中のイオンによってAlが腐食されることがあるため，Auなどの耐食性のある金属をコーティングすることもある。金属とファイバーの密着性が悪い場合には，下地にCrなどを用い，二層の金属膜をコートすることもある。

真空蒸着器の中に回転モーターを取り付け，プローブのチップ部分の軸を中心に回転し，チップ先端から20-30°の角度（チップのテーパー角に応じて変更する）に蒸着源を置き蒸着する。Alの場合75nm程度の厚さの膜を付ければ開口以外からの光の漏れは防ぐことができる（図3）。

さらに，プローブをスリム化し，機能性プローブへ展開することができる。通常のファイバープローブはファイバー自体の直径が125μmあるため，AFM用のマイクロカンチに比べかなり大きなバネ定数を持っている。このことは，柔らかい試料などの測定において，場合試料表面を傷つけたり，プローブ自体を壊してしまう原因になりうる。この問題を避けるためにはプローブの低バネ定数化が必要であり，プローブ外形を細くすることでこれを実現することができる。プローブをスリム化するには，エッチングプロセスの最初の

段階でHF溶液中に所定の長さだけプローブを浸し，希望の細さまでエッチングしたのちプローブを引き上げ先端部分を尖鋭化する（**図4**）。このように作製したスリム化されたファイバープローブ（**図5**）ではcontactAFM制御による測定でも開口を破損することなく測定を行うことができるとともに弱い力の検出が可能であることから，摩擦・粘弾性・表面電位・磁気情報などの同時観察を行うこともできる[6]。

3. プローブの動作特性

プローブの基本的な動的特性は，バネ定数，共振周波数，Q値によって，評価できる。まず，バネ定数については，円柱形のカンチレバーのバネ定数の式

$$k = \frac{3\pi d^4 E}{64 l^3} \tag{1}$$

（ここで，lはカンチレバーの長さ，dは直径，Eは石英ガラスの弾性係数（＝7.29 10^{10} Pa)である）[7]によって，おおよその見積もりを行うことができる。**図6**は，この式を用いて，光ファイバーカンチレバーのバネ定数をレバーの長さと径に対

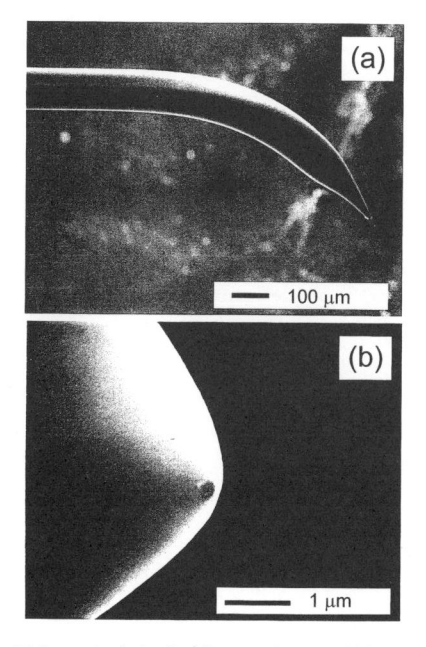

図3 ベントタイプ光ファイバーの外観
(a)外観 (b)先端部

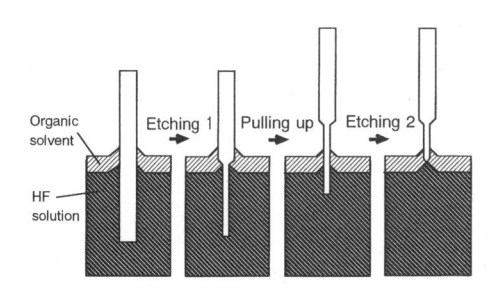

図4 スリム化多機能プローブの作成プロセス

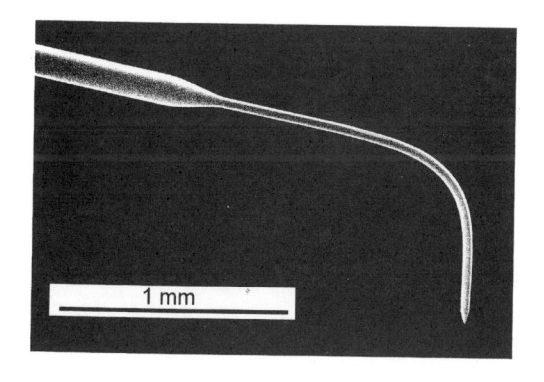

図5 スリム化したファイバープローブ

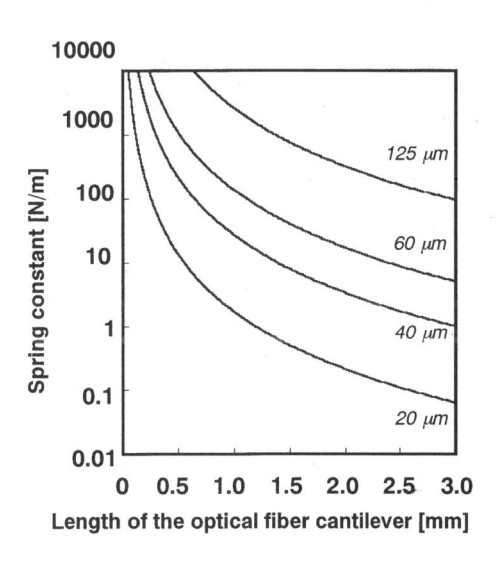

図6 光ファイバーのバネ定数の計算値

して計算した結果を示したものである。通常の125μm径のカンチレバーでは、2mmの長さで、330N/mとなるが、40μm径にスリム化したカンチレバーでは、3.4N/mと大幅に減少することが分かる。AFMで使用されているシリコンのマイクロカンチレバーが、3～40N/m程度であり、光ファイバーのプローブでも、マイクロカンチレバー並みのバネ定数を実現できることがわかる。

次に、共振周波数に関しては、円柱状のカンチレバーに関して、次式が適用できる[8]。

$$F = \frac{d}{8\pi}\left(\frac{\lambda_1}{l}\right)^2\left(\frac{E}{\rho}\right)^{\frac{1}{2}} \quad (2)$$

（ここで、ρは密度、λ_1は一次共振モードでの振動数係数）

この式のうち、λ_1は、カンチレバーの固定条件によって、完全固定の場合で、1.875、振動によって固定点が回転できる場合で、2.365というように固定条件に左右されることになる。

共振周波数の実測値としては、125μm径の長さ2mmで固定したカンチレバーで、15～20kHz程度である。実際の系では、ベントしたファイバープローブでは、先端部分がおもりとして作用するため、単純なカンチレバーに比べて、共振周波数が低い値になる。詳細な共振特性としては、**図7(a)**に示すように、きれいな共振特性を示す[5]。Q値は、おおむね200～500程度である。

例えば、液中でのシリコンカンチレバーでは、周辺の共振による波を拾い、共振曲線にたくさんのピークがたってしまうが、光ファイバープローブでは、液中での共振特性も**図7(b)**に示すように、きれいな共振ピークを得ることができる。この点から、液中での動作は、一般のマイクロカンチレバーに比べて、光ファイバープローブのほうが安定していると考えられる。

液中で使用した場合は、空気中に比べ、振動の振幅が、約1/5程度に減少し、Q値も1/5～1/10程度に減少することが、実験的に確認

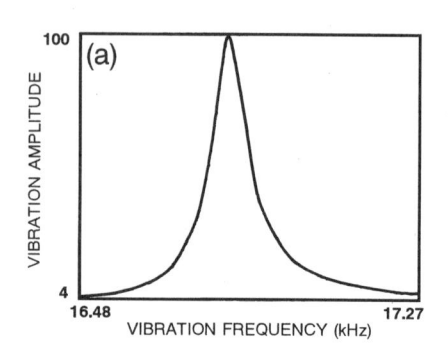

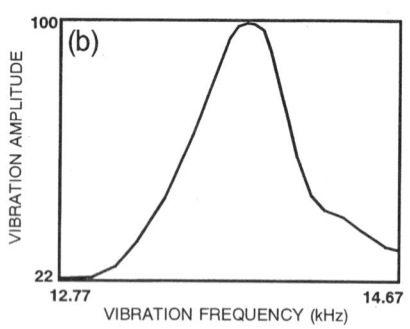

図7 光ファイバープローブの共振特性
(a)空気中、(b)水中

されている[9]。また、共振周波数についても、振動するプローブに対する液体の付加質量によって、減少する。すなわち、共振の式：$\omega = (k/m)^{1/2}$（ここで、ωは共振周波数、kはバネ定数、mは質量である）において、液中では、円柱と同体積の液体の付加質量が加わるため、

$$\frac{\omega_{Liquid}}{\omega_{Air}} = \frac{\left(\frac{k}{(m_{Cantilever}+m_{Liquid})}\right)^{\frac{1}{2}}}{\left(\frac{k}{m_{Cantilever}}\right)^{\frac{1}{2}}} = 0.82$$

となる。この値は、実験結果とも比較的よく一致することが確かめられている。

次に、サンプループローブ間のアプローチの特性について紹介する。**図8(a)**は、空気中において、プローブを振動させるDFMモードにおいて、プローブをサンプル表面にアプローチしたときの距離と振幅の関係を示したものである[9]。

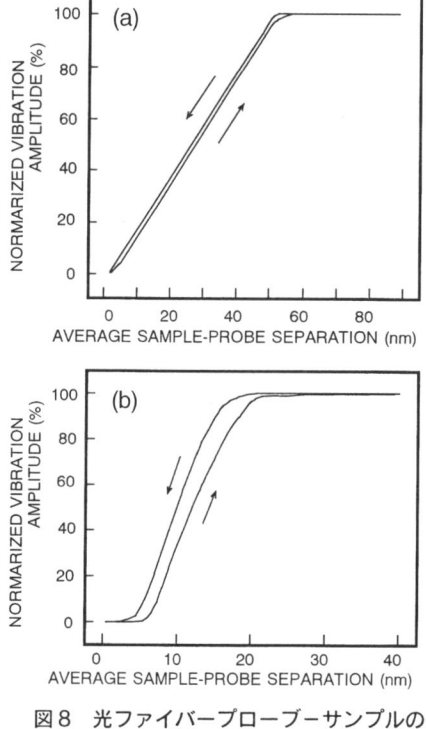

図8 光ファイバープローブ−サンプルの
アプローチ曲線
(a)空気中，(b)水中

サンプループローブ間が接触を始めた段階で，振幅は直線的に減少していくことがわかる。すなわち，振幅が減少し始めて，ゼロになるまでの距離によって，自由振動しているときのプローブの振幅を知ることができる。この場合，振幅は，50nm程度と考えられる。図8(b)は，水中の場合の結果を示したもので，この場合も，安定にプローブのアプローチが行えることがわかる。この振幅は，ピエゾによる加振振幅を小さくすることで，より小さな振幅に調整することもできる。

4. プローブの評価

プローブの評価法としては，標準試料を観察する方法が，一般的に用いられている。ここで紹介する標準試料は，2μm角のチェック状の石英ガラス状に形成したクロムパターン

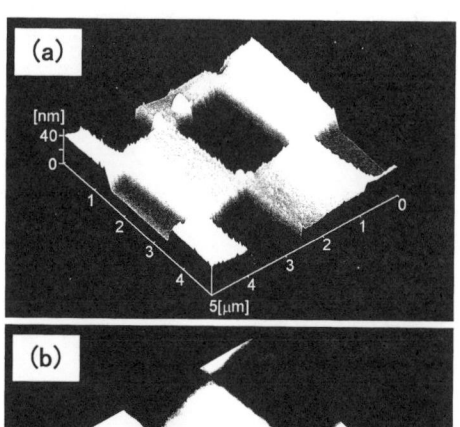

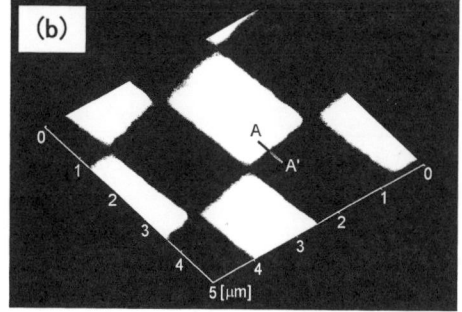

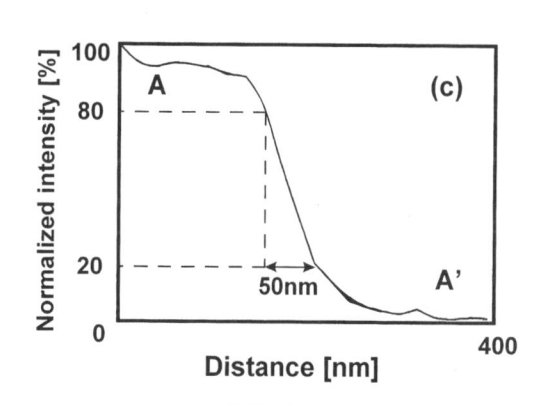

図9 標準試料の観察例
(a)形状像　(b)透過光像　(c)光像の断面プロファイル

であり，クロムの厚さは，20nm程度のものである。図9は，実際に観察したAFM像と，SNOM像を示したものである[10]。AFM像における高い部分が，クロムパターンの部分であり，SNOM像は，光が遮られ暗くなっている部分がクロムパターンの部分に相当する。光学的な分解能に関しては，図9(c)の断面プロファイルの20-80％幅を分解能として規定しており，この場合は，約50nmである。

20-80％の幅を採用しているのは，近接する2点を見分ける場合に，例えば，2つの点がガ

ウシアン分布を持ち，2つの点の間の強度プロファイルが，それぞれ50％より低い部分で重なる場合に，見分けができていると定義すると，ガウシアン分布強度プロファイルの強度40％の幅を分解能として定義できる。この分布を段差に置き換えて考えると，全体の強度は，2倍になるため，40％→20％となり，20－80(100－20＝80)％の幅に相当すると考えることができる。

〔村松 宏，本間 克則，山本 典孝，
中島 邦雄，光岡 靖幸，千葉 徳男〕

参考文献

1) S. Shalom, K. Lieberman, and A. Lewis, Rev. Sci. Instr. 63, 4061 (1992).
2) N. F. van Hulst, M. H. P. Moers, O. F. J. Noordman, R. G. Tack, F. B. Segerink, and B. Blger, Appl. Phys. Lett. 62, 461 (1993).
3) W.Noell, M.Abraham, W.Ehrfeld, M.Lacher, K.Mayr, A.Ruf, J.Barenz, O.Hollricher, O.Marti, and P.Guthner, Abstract of NFO4, Jerusalem, p.80 (1997).
4) H.Muramatsu, N.Chiba, T.Ataka, H.Monobe and M.Fujihira, Proc. of 2nd Conf. on Near-Field Optics, Raleigh, NC, 1993, Ultramicroscopy 57 (1995) 141-146.
5) N.Chiba, H.Muramatsu, T.Ataka and M.Fujihira, Jpn. J. Appl. Phys., 34 (1995) 321.
6) H.Muramatsu, N.Chiba, and M.Fujihira, Appl.Phys.Lett., in press.
7) 物理学辞典 第2版, edited by T.Nishikawa, (培風館, Tokyo, 1992), P.2358
8) 機械工学便覧 第6版, 機械工学会編, (機械工学会, Tokyo, 1977), p.3-42
9) H.Muramatsu, N.Chiba, T.Umemoto, K.Homma, K.Nakajima, T.Ataka, S.Ohta, A.Kusumi and M.Fujihira, Ultramicroscopy 61 (1995) 265-269.
10) H. Muramatsu, N. Chiba, T. Ataka, S.Iwabuchi, N. Nagatani, E.Tamiya and M. Fujihira, Optical Rev.,

プローブ（5）
マイクロファブリケーション技術を用いた集積化プローブ

1. はじめに

近接場走査型顕微鏡(Near-field Scanning Optical Microscopy; NSOM)用のプローブとして開口を用いないアパーチャレスあるいは散乱型プローブの研究が，最近盛んに行われている。従来のアパーチャレス型NSOMでは，原子間力顕微鏡(Atomic Force Microscopy; AFM)で用いられるような先端の鋭い探針を近接場の中に入れ，探針先端からの散乱光を検出器で測定している。アパーチャレス型のプローブは，プローブの作製技術が確立されている，あるいはAFMの探針・試料間の間隙制御技術がそのまま使えるといったメリットがある。しかしながら，AFMプローブを用いるアパーチャレス型は近接場信号光の検出効率の点でデメリットを有している。すなわち，近接場光の検出効率を上げるにはできるだけ大きな集光角で探針からの散乱光を集光しなければならないが，散乱体である探針を覆うようにカンチレバーが配置されているので，集光効率を向上させるのが困難なことである。本稿では，探針からの散乱光の集光効率向上を目的として我々が提案した新しい構造のプローブを用いたNSOMを述べる。この集積化マイクロプローブでは，マイクロマシーニング技術を用いて散乱体と受光器を近接させることにより，集光効率の向上を図った。このプローブの詳細とそれを用いた観測装置について簡単に紹介する。

2. 集積化マイクロプローブ：フォトカンチレバー

マイクロマシーニングは，半導体微細加工技術をベースにしたμmオーダの構造物を作製する加工技術である。従来の加工技術では作製の困難であった微小な構造物を作製できるので，サイズが小さいことによる新しい効果をもつ素子の開発が期待されている。例えば，この技術により微小な歯車[1]，リレー[2]などが開発されている。また，マイクロマシーニング技術は半導体微細加工技術をベースにしているので，再現性・量産性に優れた技術である。我々は，マイクロマシーニング技術を用いて，先端にpn接合型のフォトダイオードを設けたカンチレバーを作製した[3〜6]。図1に，プローブの構造を示す。このカンチレバーをphoto-sensitiveなcantilverという意味でフォトカンチレバー(photocantilever)と呼んでいる。マイクロマシーニング技術を用いて散乱体と受光器を一体で作製しているため，外部に受光器を

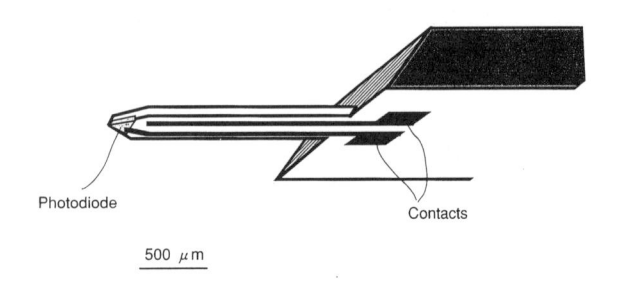

図1 フォトカンチレバーの構造

配置した場合に比べ,集光効率を高めることができる。カンチレバーはシリコン単結晶（基板面方位(100)面）から成り,その典型的なサイズは,長さ1500μm,幅100μm,厚さ5μmである。フォトダイオードの面積は約100μm^{2}で,バネ定数は0.2 N/mである。通常のAFM用カンチレバーに比べ長いのは,光を十分に吸収するため厚さを大きくしたためである。すなわち,シリコンの波長670·mの光に対する吸収係数は約0.25μm^{-1}であるため,厚さを5μmとした。さらに,試料に働く力を小さくするためにはバネ定数は1N/m以下が望ましい。バネ定数kと形状との間には以下のような関係がある。

$$k = \frac{Et^3b}{4L^3} \quad (1)$$

ここで,Eはヤング率,tは厚さ,Lは長さ,bは幅を表す。厚さを大きくすることにより,バネ定数はその3乗で大きくなる。バネ定数を小さくするためには,長さを大きくするのがもっとも有効であることを式(1)は示している。このように5μmの厚さでかつ1 N/m以下のバネ定数とするためカンチレバー長を大きくする必要がある。また,半導体加工技術と同様の作製技術を用いているので,一回の工程で,異なる形状・サイズのカンチレバーを同一基板内に作製が可能である。

図2に作製手順を示した。pn接合は,ボロンをドープしたp型基板にリン・イオンをイオン注入して作製した。pn接合の深さは,1μmに設定した。あらかじめp型層／エッチ・ストップ層を形成してある面方位(100)のシリコン単結晶基板を用いた。通常の半導体素子作製法を用いてフォトダイオード部,アルミ薄膜からなる電気配線部を作製した後,カンチレバー型にドライエッチングをした。この後,カンチレバー下のシリコン基板をエチレン・ジアミン・パイロカテコール(EDP)液に

a) 基板

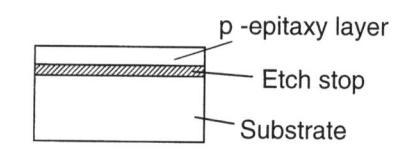

b) pn接合とAl配線の作製

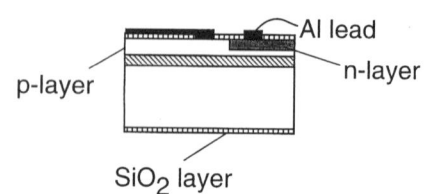

c) カンチレバー形状の作製

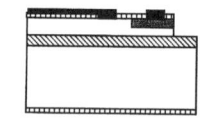

d) ポリイミド保護膜の塗布

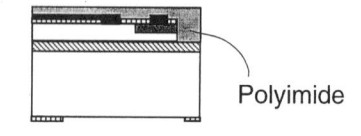

e) 基板の化学エッチング

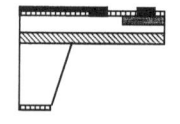

図2 フォトカンチレバーの作製プロセス

よる異方性エッチングにより除いた。カンチレバー部上側は，ポリイミド膜をコーティングし，EDP液でエッチングされないようにした。そして，カンチレバーの下側は，あらかじめカンチレバーの下に形成しておいたエッチ・ストップ層で保護される。その後，カンチレバー上側のポリイミド保護層及び下側のエッチ・ストップ層をそれぞれアッシング，ドライエッチングにより除き，free-standing状態のカンチレバーを得た。また，散乱体として突起状の探針をカンチレバー先端部に作製することも可能である。マイクロ真空管のカソード作製と同様の手順で，特にPMMAを犠牲層とすることにより，フォトダイオードの光電変換特性を劣化させることなく，先端半径50nmのSiO$_2$製の探針をカンチレバー先端部に作製可能であり，NSOM像も得られている[7]。

図3は，カンチレバー先端部に作製したpn接合が，フォトダイオードとして有効に働いていることを示したものである。この図は，Optical Beam Induced Current(OBIC)法と呼ばれる方法で，フォトカンチレバーのうちで光に応答する部分を可視化したものである。すなわち，レーザ走査顕微鏡のレーザビーム（径約1.5μm）を試料面上で2次元的に走査し，レーザビームのそれぞれの位置で発生した光電流を2次元的にプロットしたものである。図3で，明るく表示した部分は光に応答して光電流を発生した部分である。先端部分に作製したpn接合部がよく光に応答することが分かる。本作製法により，フォトダイオードの特性を劣化させることなしに，厚さ5μmの片持ち針状に加工することができる。

3. フォトカンチレバーによる近接場光学原子間力同時観測装置

図4に，フォトカンチレバーを用いた

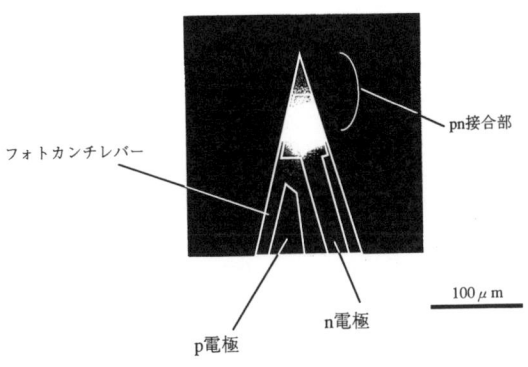

図3 OBIC法によるフォトカンチレバー上のフォトダイオードの可視化

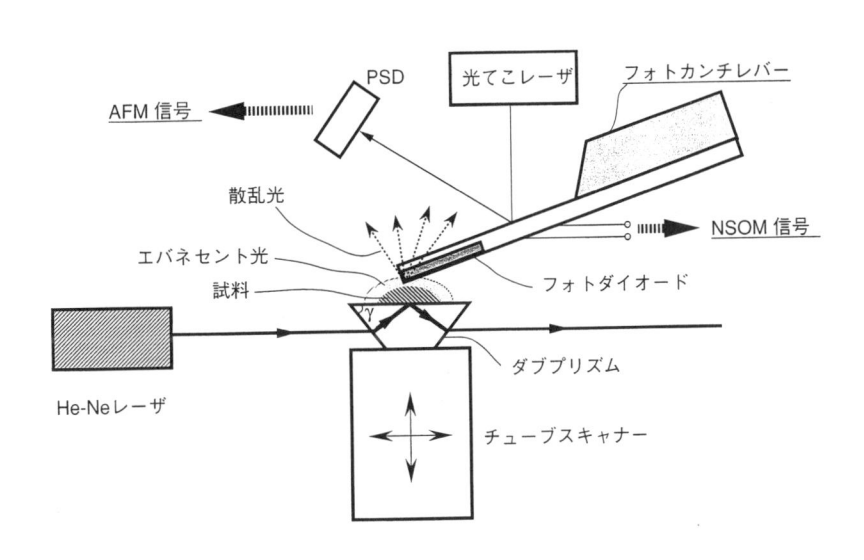

図4 フォトカンチレバーを用いたNSOM/AFM同時観測装置

NSOMの観測系を示す。試料をピエゾステージ上のプリズムの上に置く。レーザ光をプリズム表面で全反射するように入射させると試料表面にエバネセント光が生ずる。このエバネセント光は，試料の表面近傍にしか存在しない光で，遠方まで伝搬していくことができない。そのため，試料から離れた光検出器では検出できない。しかし，カンチレバー先端が試料に近づくと，試料の表面上のエバネセント光がカンチレバー先端で遠方まで伝搬可能な光に，すなわち，散乱光に変換される。このようにして伝搬しないエバネセント光を伝搬光に変換し，カンチレバー上に作製したフォトダイオードでエバネセント光強度を検出する。プローブ・試料間の間隔制御としては，AFMで広く用いられている光てこ法を適用した。フォトカンチレバーの形状はAFM用カンチレバーと同様なので，AFM装置を大きく改造をしなくてもそのまま使用できる。光てこ法は，レーザと2分割フォトダイオードを組み合わせ，カンチレバーのたわみをnmスケールで計測する方法で，サブÅオーダの鉛直方向分解能が可能なことが示されている。このたわみが，試料とカンチレバー先端に働く原子間力を反映している。このカンチレバーのたわみを一定になるように試料とカンチレバー間の距離を制御し，かつ試料をピエゾステージにより2次元的に走査する。制御した距離を2次元的にプロットすることにより，試料・カンチレバー間の原子間力一定の条件での，試料の凹凸像（AFM像）が得られる。このAFM測定モードはコンタクト・モードと呼ばれている。フォトカンチレバーによる観測系では，NSOM信号とAFM信号を同時に得ることができるので，光学像と凹凸像が同時に得られる。レーザは，2mWのHe-Neレーザ（波長633nm）を用いた。プリズムの頂角（図4のγ）は40degとし，レーザの入射角は70.7 degとした。この角度でのエバネセント光の鉛直方向の減衰長は約50nmであるので，エバネセント光は試料表面上に50nmの範囲にしか存在しない。この光をカンチレバー先端で散乱光に変換し，カンチレバーに作製したフォトダイオードで検出する。

図5は，プリズム表面を観測しているときにプリズム上にたまたま付着していた微粒子を観測したものである。NSOM像（図5(a)）において，明るく表示した点は光強度が大きい点であることを示している。また，AFM像（図5(b)）で，明るく表示した点は高さが高い点であることを示している。図5(a)および(b)に示したNSOMとAFM像は良く一致している。図中の矢印は，約20nmの微粒子間の間隙を示している。本NSOMは，この間隙を解

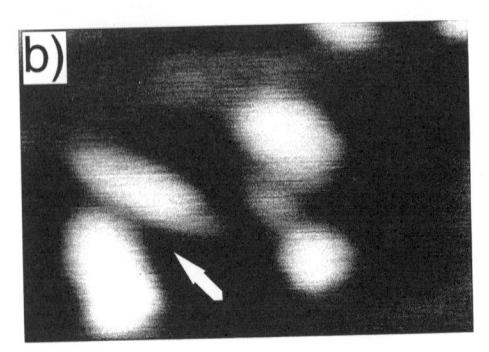

図5　観測結果。プリズム表面上の微粒子の像
　　(a)NSOM像，(b)AFM像
約20nmの微粒子間のギャップが解像できている
（図中の矢印）

像できていることがわかる。この結果は，フォトカンチレバーを用いたNSOMの空間分解能が20nm程度である可能性を示している。

4. おわりに

本稿では，マイクロマシーニング技術を用いた集積化プローブおよびそれを用いた観測装置について紹介した。この集積化プローブは，通常のAFMで用いられるカンチレバー状のマイクロプローブの先端にフォトダイオードを作製したものである。このプローブは，高い検出効率が期待でき，かつ量産化に適している。そして，このフォトカンチレバーを用いたNSOMとAFM同時観測装置について述べた。フォトカンチレバーを用いたNSOM装置は，20nm程度の面内方向の空間分解能を実現できる。フォトカンチレバーは，アパーチャレス型NSOMのための実用的なプローブとして有望であると考えられる。

（福澤 健二，田中 百合子，桑野 博喜）

参考文献

1) L. S. Tavrow, S. F. Bart, J. H. Lanz, and M. F. Schlecht, Sensors and Actuators, **21**, 893, (1990).
2) H. Hosaka, H, Kuwano, and K. Yanagisawa, Sensors and Actuators, **40**, 41(1994).
3) S. Akamine, H. Kuwano, K. Fukuzawa, and H. Yamada, Proc. IEEE Workshop on Micro ElectroMechanical Systems, **145**, (1995).
4) S. Akamine, H. Kuwano, and H. Yamada, Appl. Phys. Lett., **68**, 579 (1996).
5) K. Fukuzawa, Y. Tanaka, S. Akamine, H. Kuwano, and H. Yamada, J. Appl.Phys., **78**, 7376(1995).
6) K. Fukuzawa and H. Kuwano, J. Appl. Phys., **79**, 8174, (1996).
7) 田中百合子，福澤健二，桑野博喜，第43回応用物理学関係連合講演会，27a-Z-5(1996).

プローブ（6）
原子間力顕微鏡カンチレバーとの関連等

1. 総論

1.1 カンチレバープローブの特色

　原子間力顕微鏡(AFM:Atomic Force Microscope)で用いるカンチレバープローブ（cantilever:片持ち梁）をそのまま走査型近接場光学顕微鏡(SNOM：Scanning Near field Optical Microscope)に利用したのはオランダのN.F.van Hulstが始めと思われる。以後，他の研究者も試みている[1〜5]。

　AFMのカンチレバーチップを用いる利点は，言うまでもなくAFMとSNOMの測定が同時にできることでありAFMによる高い分解能による試料の凹凸像(Topographic Image)とSNOMによる光学情報とを比較することで，それぞれを単体で測定することでは得られない複合情報が得られることである。プローブとして利用するAFMカンチレバーチップは，半導体プロセスによって作られる量産品なので形状のばらつきの点や価格の面での利点もある。

1.2 装置概要

　AFMチップを用いたAFM/SNOM同時測定の装置構成の例を図1に示す。

　AFMは，試料表面とカンチレバーチップの針

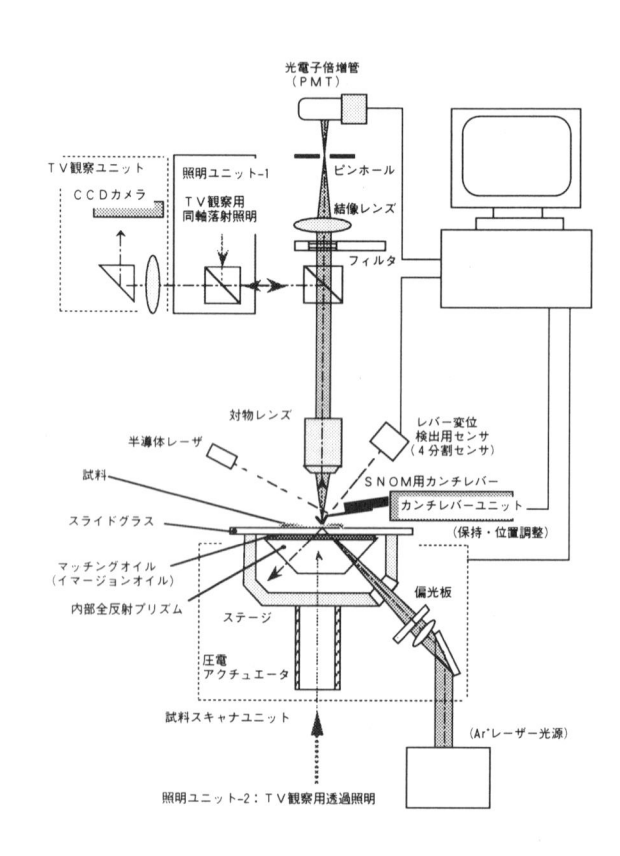

図 1 装置構成図

先との原子間力が一定となるよう間隔距離を調整しながら走査し,調整に要した距離をもって試料の凹凸となす表面形状測定方法であり,距離の制御方法として,試料との斥力でカンチレバーが撓むことを利用しその撓み量を一定にするDCモード(コンタクトモード)と,予めカンチレバーを上下方向に励振させておき,試料に針先が近づくと振動の振幅が急激に減少したり位相が変化することを利用したACモード(ダイナミックモード)がある。

AFM/SNOMのうちSNOMの動作では,針先からの光は顕微鏡の対物レンズで集光し,光電子倍増管等の光電素子にて電気信号に変換する。ファイバプローブの場合とは異なり,プローブ以外の周囲からの光が幾らか迷光として入ってくるので,レーザー顕微鏡で用いられている共焦点効果を用い,光電素子の前にはピンホールを入れて余分な光をカットさせている。さらにS/N比を上げるためカンチレバーを励振させてロックイン検出等を用いることもある。

2. プローブについて

AFMのカンチレバーチップを利用したプローブは大きく分けて微小開口を持ちここから光を照射したり検出したりする「開口プローブ」と,針先で散乱した光を検出する「散乱プローブ」がある。

開口プローブは窒化シリコン製のカンチレバーチップを加工して使い,散乱プローブはシリコン製のカンチレバーチップをそのまま使用する。

以下,開口プローブ,散乱プローブの順に説明を行う。

2.1 開口プローブ
(1)特性

窒化シリコンは可視域にて光を透過する。屈折率は2程度である。背面に光反射用の金属コートを施していない窒化シリコン製のカンチレバーチップを使えば,そのまま上方に集光光学系を置くことでCollection Typeの検出を行うこと

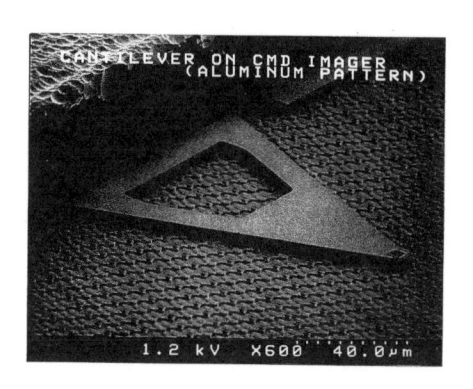

2-a 外観(OMCL-TRシリーズ)

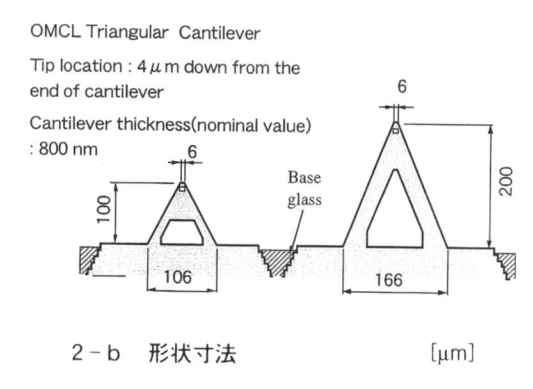

2-b 形状寸法 [μm]

図2 窒化シリコン製カンチレバーチップ

が出来る。さらにプローブ先端のみを残して周囲を遮光することで微小開口型のプローブになり,分解能を上げることができる。

窒化シリコン製カンチレバーチップの形状例(オリンパス光学工業(株)製)を図2に示す。先端径は20nm以下である。

(2)プローブ製作法

ここではカンチレバーチップの針先を含む側を遮光性の物質で一旦コートした上で,開口部を開けるという方法を紹介する。

①コート

コートには金属等を蒸着する方法が一般的である。

コートする金属としてどの物質を用いるかは,遮光性,コートのし易さ(コートする金属のカンチレバーチップ部材への付き易さ),耐性,経時変化などを考慮する。総合的には遮光性,コートの付き易さ,耐性の観点からAlが優れている。ただし,表面に出来る酸化層の為か,コート後に

時間とともに，カンチレバーが反ることがある。Auは耐性や経時変化に対して優れているが450～550nmの波長の光の遮光性においてやや劣り，コート厚を厚めに設定する必要が生ずる。Crは遮光性は良いのだが，堅いためカンチレバーチップの特性を損なう。

以上のような理由からAlを利用することが多い。酸化によるカンチレバーの反りを防ぐため，さらに金でコートし2層とすることもある。

コート自体は，カンチレバーチップの針のある面を一面，蒸着器によりコートする。

遮光性の点からコート厚は各金属によって変えることになる。Alの場合，カンチレバーチップの平らな部分において～100nm程度の厚さのコートを行っている。

②開口形成

コート後，開口形成を行う。開口形成の方法については幾つかあると思われる。ここでは加工装置として大がかりな装置が必要なく比較的容易に準備出来るものとして放電加工について述べる。この方法はSNOMにカンチレバーチップを付けたまま取り外しなしで行えるという利点もある。

但し，作成した開口径やその形を正確に知るには電子顕微鏡等で見る必要はある。放電加工は遮光のためにコートした金属面を負極に，金属プレートを試料として正極にして，尖った針先の金属を放電によって飛ばすことで開口を作製する方法である。

図3に装置の概略を示す。放電の方法は次のようである。

金属板等平坦性の良い導電性の試料に金属コートしたカンチレバープローブを軽く当て，電圧をかける。次に電圧をかけたままプローブを試料から離してゆくと放電が起き，オシロスコープ上にスパイクノイズのような応答が読みとれるようになる。このノイズは複数回発生する。

このノイズが確認出来たら放電装置を外し，通常のSNOMとしてガラス板等平坦な試料を観察することで開口が開いていることを確認する。

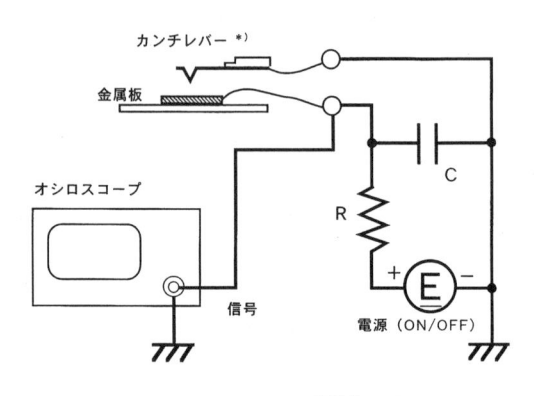

奨励値： E：+10v
C：100pF
R： 1MΩ

*) カンチレバーの金属コート面とカンチレバーホルダ（金属）との導通をとるために電顕等で使用する銀ペーストを使用すると良い

図3 放電加工器概念図

コートした金属によっては表面の酸化により放電が起き難くなることがあるので，コート後なるべく早くに開口形成を行う方がよい。

放電加工以外の方法として，FIB(Focused Ion Beam)を用いて針先のコートを飛ばす方法もある。この方法では針先の位置を確かめて加工出来，そのまま加工後の開口の形状も確認出来る利点があるが，窒化シリコンの層を削らずにコートのみをを飛ばす条件出しが難しいようだ。

(3)測定例

図4に開口プローブによるエバネッセント場検出結果を示す。エバネッセント場の試料面垂

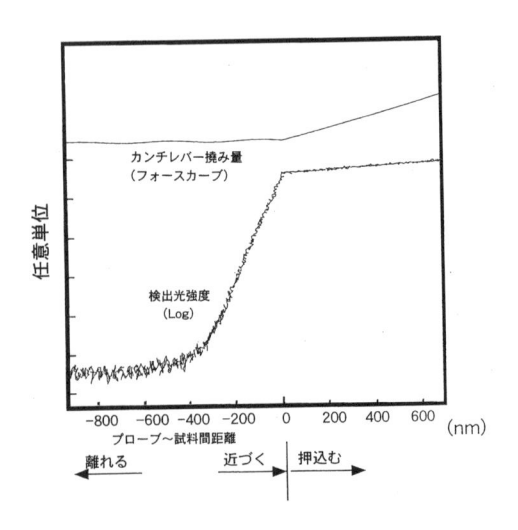

図4 エバネッセント場強度測定

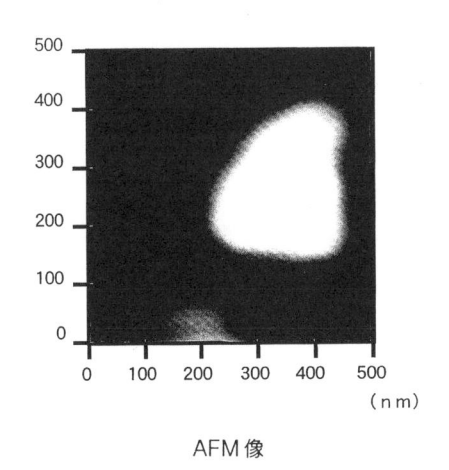

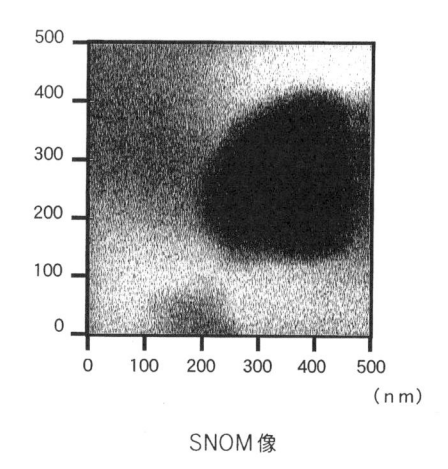

図5 測定例（開口プローブ）

AFM像　　　　　　　　　　　SNOM像

直方向への強度変化である指数函数的な変化が捉えられている。像の例を**図5**に示す。試料はスライドガラス上でのゴミである。

観察方法は試料裏面から入射角45°にて緩く集光させた光を入れ，試料上面のプローブで検出する方法によるものである。

2.2　散乱プローブ
(1)特性

SNOMのプローブとしては，それ自身に光を通すタイプの，ファイバープローブに代表される開口プローブがよく使われるが[6]，近年，金属や高屈折率の誘電体先端の高い散乱特性を利用して試料表面の光学特性を測定する可能性が示され，測定例が報告され始めている[7-9]。この方式では尖鋭化ファイバー中での減光等を考慮する必要が無い分，強い信号光が得られる。また，先端形状が単純なので細い探針が作りやすく，SNOM画像の高分解能化が期待できる。

図6に示すシリコンテトラチップは非常に先端径が小さく，特に高分解能AFM観察に適した市販のカンチレバープローブであるが，SNOM用散乱プローブとしても以下に述べるようないくつかの長所をもっている。図中にこのテトラチップの主なスペックを示す。

テトラチップはRIE，ケミカルエッチング等のシ

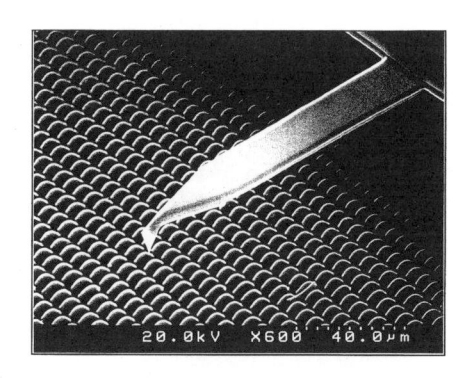

6-a　外観（OMCL-ACシリーズ）

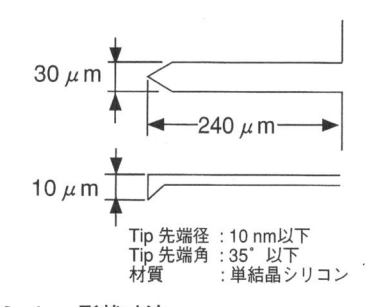

30μm　←240μm→
10μm

Tip 先端径　：10 nm以下
Tip 先端角　：35°以下
材質　　　　：単結晶シリコン

6-b　形状寸法

図6　シリコン製カンチレバーチップ

リコンプロセスを利用して作製されたカンチレバープローブで，先端は非常に尖っている（先端半径10nm）。また，シリコンは屈折率3.5程度と大きいため光の散乱効率が高く，散乱プローブとして

有利である。アルミニウムを蒸着することにより金属探針としても利用可能である。また構造的にも，上から見て先端に向かって細くなってゆくカンチレバーの最先端部にプローブが形成されており，カンチレバーによるプローブ先端での散乱光のケラレが少なく，広い立体角にわたる散乱光を捉えることができる。そのため散乱光を，図1の，プローブ直上の対物レンズで効率よく集光できる。

テトラチップはカンチレバーのバネ定数が数N/mと大きいわりに先端径が小さいためDCモードでの利用は試料，プローブ自身のダメージが大きく，長時間の使用は難しい。この問題はACモードAFMにすることで解決される。するとプローブ先端での散乱光信号はカンチレバーの振動に伴って変調を受けることになるが，この変調信号をロックインアンプ等で検出することで光学像が得られる。レーザー光は斜め下から全反射角で導入し，試料表面にエバネッセント場をたたせるのが最もS/Nの高い方式だが（エバネッセント型），不透明試料に対しては斜め上から光を導入し，散乱光を真上で受信する（反射型）ことも可能である。

シリコンの散乱プローブを試料表面で走査したときの近接場光の変化の計算例を図7に示す。試料は左側がアルミニウム，右側がシリコンと仮定し，表面は完全にフラットとしている。プローブの先端径，先端角はテトラチップの典型的な数値を利用している。本計算は2次元境界要素法によるものなので，プローブも紙面と直角方向には構造がない，くさび状になっている（s偏光，直入射，488nm，DCモードを仮定）。プローブ先端の散乱光強度は直下の試料により変化し，アルミ，シリコン境界では散乱光強度は図8のようになる。このグラフより，本計算では先端径10nmの散

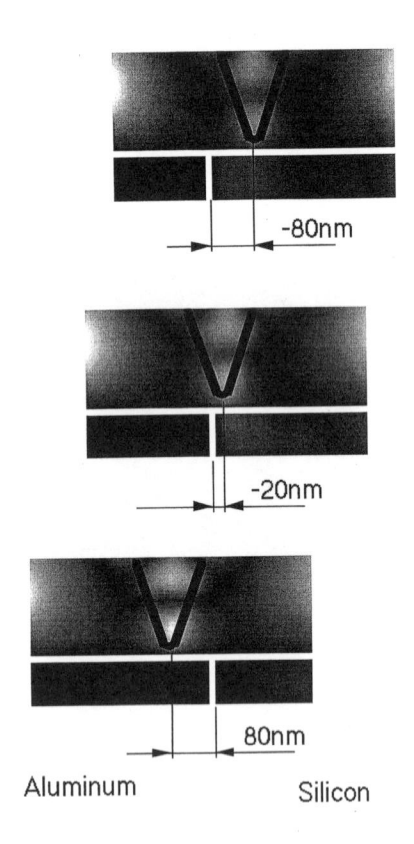

図7 下地の違いによるプローブ先端の
散乱光強度の変化

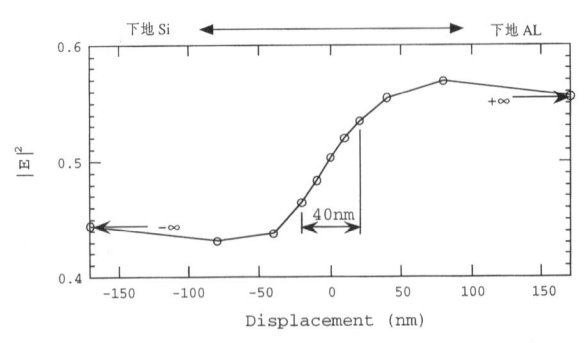

図8 プローブ先端の散乱光強度の変化

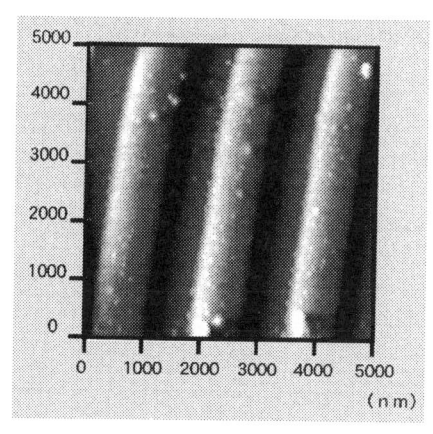

プローブ(6) 原子間力顕微鏡カンチレバーとの関連等

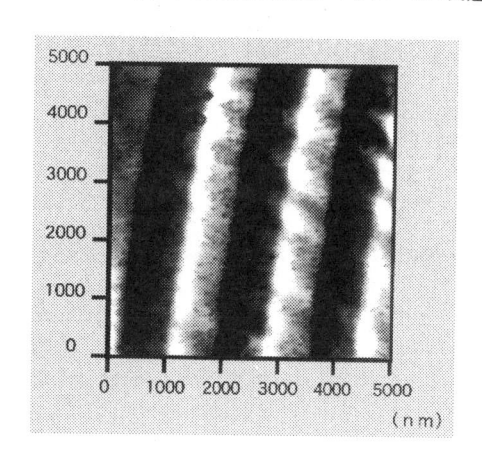

AFM像　　　　　　　　　　　　　SNOM像

図9　測定例（散乱プローブ）

乱プローブにより試料の屈折率変化が40nm以下の分解能で捉えられることがわかる。

(2)測定例

図9はMOディスクの基板（1.6μmピッチのグレーティング）の画像で，右が反射型によるSNOM像，左が同時に得られたAFM像である。SNOM像はAFM像と似ているが，グレーティングに付着した粒子のエッジ部の急峻な暗部等，AFMと異なる画像が得られている。画像の分解能は20nm程度で，本顕微鏡により微細な構造の観察が可能なことを示している。

（小灘 毅，佐々木 靖夫）

参考文献

1) van Hulst, N.F. et al. "Operation of a scanning near field optical microscope in reflection in combination with a scanning force microscope" *SPIE* **1639** (Scanning Probe Microscopes) (1992) pp.36-43

2) van Hulst, N.F. et al. "Near-field optical microscopy in transmission and reflection modes in combination with force microscopy" *J.Microscopy* **171 Pt.2** (Aug.1993) pp.95-105

3) Propstra, K. et al. "Polarization contrast in photon scanning tunnelling microscopy combined with atomic force microscopy" *J.Microscopy* **180 Pt.2** (Nov.1995) pp.165-173

4) Castagne, M. et al. "Optical propaties of silicon-nitride atomic-force-microscopy tips in scanning tunneling optical microscopy: experimental study" *Appl.Opt.* **34(4)** 1995 pp.703-708

5) 岡本隆之 他 "タッピングモードAFMを併用した近接場光学顕微鏡" 近接場光学研究グループ第5回研究討論会予稿集 (1996) pp.1-4

6) Pohl, D.W. et al. "Optical stethoscopy : Image recording with resolution of λ/20" : *Appl. Phys. Lett.* **44 (7)** (1984) pp.651-653

7) Inoue.Y, et al. "Near-field scanning optical microscope with a metallic probe tip" *Opt. Lett.* **19 (3)** (1994) pp.159-161

8) Zenhausern, F. et al. "Scanning Interferometric Apertureless Microscopy: Optical Imaging at 10 Angstrom Resolution" *Science* **269** (1995) pp.1083-1085

9) 佐々木靖夫 他 "AFM制御反射型SNOMの試作" 第57回応物学会講演予稿集 (1996)p.774

プローブ（7）
機能性プローブ

1. はじめに

図1のように，微小開口付き光ファイバープローブの先端に，機能を持った材料を付けることができれば，近接場光学顕微鏡の応用範囲がもっと広がるであろう，というのが機能性プローブの着想である。このような近接場光学顕微鏡のプローブに機能を持たせる研究は，ミシガン大学のKopelmanのグループによる，近接場光学顕微鏡のプローブのスループットを向上させる研究に始まる[1,2]。

スループットの問題というのは，近接場光学顕微鏡において，空間分解能と感度とが競合関係にあることに基づいている。近接場光学顕微鏡の空間分解能は，微小開口付きプローブを使う場合，その開口径と大いに関係している。空間分解能を上げようと思うと，それだけ小さいな開口径を持つプローブを使う必要がある。しかし，一方で，開口径が小さくなると，その開口を通過する光が極端に少なくなる。これは，プローブの開口径が光の波長よりも小さいため，開口を伝播する光のモードが存在しないことに関係している。

このスループットを向上させる方法として，Kopelmanらは，図2のように，金属でコーティングしたピペットの先端にアントラセンを充填した。アントラセンは分子性結晶で，励起子が

図1 機能性プローブの概略図

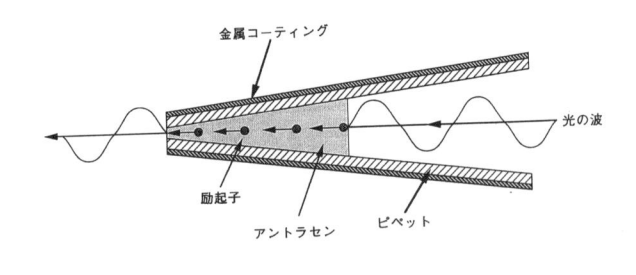

図2 ピペットの先端にアントラセンを充填して作成した機能性プローブ

安定に存在することが知られている。光は，ピペット先端部で，励起子に変換され，励起子はピペット開口部まで伝播し，光となって消滅する。励起子の波長は，光の波長に比べて十分小さいので，ピペット開口部まで伝播する。このような方法で，アントラセンを充填したピペットは，中空のものに比べて，スループットが向上することが観測された。現在，金属コーティングしたピペットは，近接場光学顕微鏡のプローブとしては，幼稚なため，使われてはいない。しかし，この研究がきっかけとなって，機能性プローブの研究が始まった。

機能性プローブの研究は，Kopelmanのグループにより多くの報告がある他[1〜12]，今のところ，殆どない[13, 14]。機能性プローブの研究の中で，今のところ，一番成功しているプローブは，化学センサープローブである。サブミクロン寸法の化学センサープローブを使えば，生きた細胞においてイオンや分子の濃度分布や過渡変化を計測することが可能となる。

本文では，図1のような形状を持つ機能性プローブの開発経過を報告する。実際にその開発に取り組むと，

①どのような機能を示す材料を選択するか
②材料をどのようにプローブ先端に固定化するか
③作成した機能性プローブの機能を十分な光信号として検出できるか

が問題となることが理解される。ここでは，私達がいままで行ってきた試みについて，この3つの観点から記述する。

2. どのような機能を示す材料を選択するか

どのような機能を備えた近接場光学顕微鏡のプローブを作ることが可能だろうか？従来の光学顕微鏡は，その用途によって，生物顕微鏡，金属顕微鏡，蛍光顕微鏡，偏光顕微鏡，レーザー顕微鏡などの使い方が知られている。また，顕微分光，顕微ラマン分光など，分光法と組み合わせた顕微鏡の手法もある。近接場光学顕微鏡でも，同じような顕微鏡を実現すれば良いという考え方がある。

しかし，このような考え方は，機能性プローブを開発する点において，あまりうまく行かない。というのは，従来の光学顕微鏡で可能な測定法は，機能を備えてない微小開口付き光ファイバープローブで実現が可能だからである。これを理解するためには，対物レンズ自体に機能を持ったものはないことを思い出せばよい。近接場光学顕微鏡の光ファイバープローブは，従来の光学顕微鏡の対物レンズに対応する。

このように考えると，機能性プローブの起源を，従来の光学顕微鏡に求めるのが必ずしも適切でないことが分かる。機能性に重点をおいて考えると，センサーという視点が有効である。センサーは，概念として，測定対象（入力），センシング部，信号変換するトランスデューサー，そして検出（出力）と捉えることができる。測定対象（入力）から分類すると，物理センサー，化学センサー，バイオセンサーと分類できる。また，トランスデューサーから分類すると，電極，トランジスタ，サーミスタ，圧電素子，光デバイスなどと分類できる。そして，検出（出力）から分類すると，電流や電圧などの電気信号，光やマイクロ波などの電磁波などと分類できる。機能性プローブは，センサーの立場では，測定対象（入力）としては特に限定されてなく，トランスデューサーとしては近接場光学顕微鏡の微小開口付き光ファイバープローブ，検出（出力）は光，と分類できる。

このようなアプローチが有効なのは，光ファイバーセンサー[15, 16]という分野があるからである。光ファイバーをトランスデューサーとして使い，化学センサー，バイオセンサーを実現するという研究がされている。機能性プローブを作成する上で，化学センシング，バイオセンシングの研究は多いに参考になる。

これらセンサーの研究文献が示唆することは，「どのような機能を持った材料を選択するか？」は当然重要なことであるが，「その機能を持った材料をどのように固定化するか？」も重要な問題であることである。固定化できなければ，センサーが作成できない。このようなジレンマから，材料を選択することよりも，固定化技術が優先される研究方針が自然と生まれてくる。特に，機能性プローブの開発の現状として，なんでも良いから材料をプローブ先端に固定化しようという研究姿勢もしばしば取られる。

3. 材料をどのようにプローブ先端に固定化するか

半導体産業では，0.1μm寸法の細線を基板に作ることが可能となっているので，点状にプローブ先端に材料を固定するのも簡単に思われるかも知れない。しかし，実際に行ってみると，1μm寸法でさえ，固定化するのは難しいことがわかる。その理由は，毛管現象が効いてくる寸法であること，光ファイバー表面と材料の接着をどうするかという理由による。

試行錯誤の結果，うまくいった方法の一つは，Capillary Dip Coatingという手法である[17]。図2に示すように，マイクロマニュピュレータと正立光学顕微鏡からなるシステムを使い，光ファイバープローブの先端を，キャピラリー（毛細管）に突っ込むことにより，機能性材料を塗布する。この方法で，図3に示すように，微粒子，高分子などが固定化できた。固定化寸法は，サブミクロンから数ミクロンである。この手法が適用できる材料は，キャピラリーを使うため，粘性が溶媒によって制御できることが要求される。図3には，材料に対する溶媒も示してある。ここで強調すべき点は，機能性材料を固定化するために，光ファイバープローブの表面の改質を行なったり，接着剤を使ったりはしてないことである。固定化は，吸着／付着により材料がガラス表面に固定されることによって行われる。したがって，この手法で，もう一つの材料に要求される条件は，機能性材料がガラス表面に吸着／付着することである。

Capillary Dip Coating法で，接着剤として何も使わずにGaAs微粒子が固定できたことは，他の微粒子でも固定化できる可能性があることを示唆している。また，溶媒で粘性が制御できる高分子は，特にCapillary Dip Coating法に向いている。高分子材料は，構造・被覆・絶縁などの材料としての受動的な用途と，電気的・光学的等の機能を有する材料としての積極的な用途としての使い方がある。図3におけるポリジアセチレンは積極的な用途として使われており，PVC膜は受動的な用途として使われている。なお，PVC膜は，Poly(vinylchloride)とbis(2-ethylhexyl)sebacateが1対2の割合で混合されている化学センシング用の膜材料である[9~11]。

4. 作成した機能性プローブの機能を十分な光信号として検出できるか

バルクとして光学応答が十分あるからと言って，1μm以下の寸法でも光学応答が十分あるとは限らない。作成した機能性プローブも，光学応答を十分に示さなければ，実用性のあるプローブとして使えない。ここで，機能性材料は，固定化の面からだけでなく，光学応答の面からも制限を受けることになる。ここでは，光学応答の面から個々の材料について検討する。

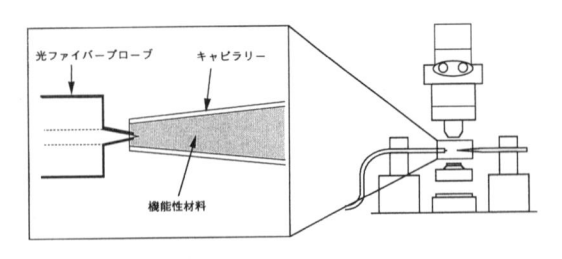

図3 マイクロマニュピュレータシステムを使ったCapillaly Dip Coating

光信号の量子効率の点では，色素が優れている。さらに，色素は，細胞の蛍光プローブ技術が示しているように，機能の点でも優れている。この2つの点において，色素は機能性プローブを作成する上で適している。しかし，退色が激しいというフォトブリーチングの問題がある。

　一方，半導体においては，フォトブリーチングの問題は，色素に比べると少ない。しかし，量子効率の点では色素に及ばなく，GaAsの微粒子を固定化したプローブの発光は非常に弱い。

　積極的な用途としての高分子ポリジアセチレンは，発光とフォトブリーチングの点で，蛍光色素と半導体との中間に位置する。ポリジアセチレンは，3次非線型光学材料として有用であり，また強いラマン散乱を有する材料として知られている。このような理由から，ポリジアセチレンは，機能性プローブの材料として，実用性の面からも期待できる。

　受動的な用途としての高分子PVC膜は，蛍光色素とイオノフォアを導入することにより，蛍光検出型のイオンセンサーとなる。このような研究は分析化学において詳しく研究されており，ここでその原理を少し詳しく説明する。イオノフォアとは，ある種のイオンと選択的に錯体を形成する分子である。特に，クラウン化合物は，Pedersenによって，初めて合成されたイオノフォアである。Pedersenはその業績により1987年にノーベル化学賞を受賞している。PVC膜中に，例えば，ナトリウムイオンと選択的に錯形成するクラウン化合物を導入し，一方で，pH指示薬のような性質を示す蛍光色素を導入する。このように準備したPVC膜は，蛍光検出型のイオンセンサーとなる。つまり，水溶液中のナトリウムイオンが，PVC膜中に抽出され，ナトリウムイオンとイオノフォアが錯体を形成すると，PVC膜中の電荷が中性に保つために，蛍光色素のプロトンが水溶液中に放出される。その結果，pH指示薬のような蛍光色素は，蛍光強度や色変化などの応答を示す。このような原理で，イオン濃度の変化が，蛍光色素の蛍光変化と

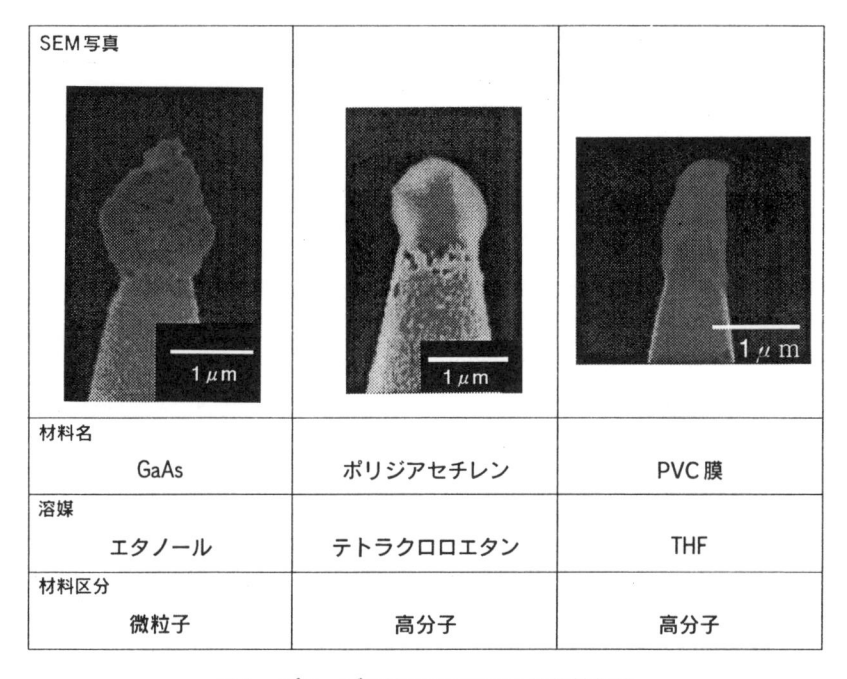

SEM写真		
1μm	1μm	1μm
材料名		
GaAs	ポリジアセチレン	PVC膜
溶媒		
エタノール	テトラクロロエタン	THF
材料区分		
微粒子	高分子	高分子

図4　プローブ先端に固定された機能性物質

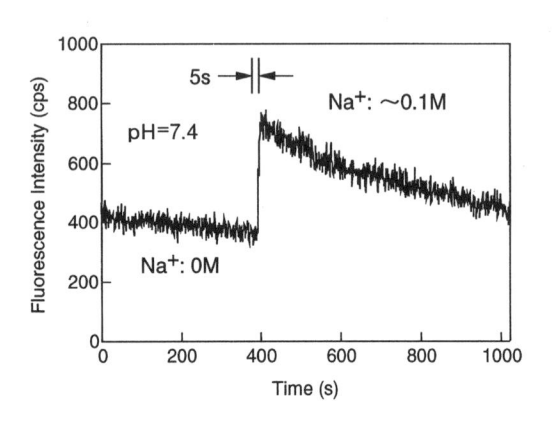

図5 化学センシングプローブの時間応答

して検出される。図4に，ナトリウムイオノフォアとフルオレセイン誘導体色素をPVC膜に導入して作成した機能性プローブの時間応答プロファイルを示す。寸法が小さくなったことによって，応答速度が5秒以下と速くなっている。

5. 機能性プローブの今後の展開

近接場光学顕微鏡は，いまのところ，高空間分解のイメージングや分光などの用途に限られているが，その他にも多くの潜在能力がある。特に，機能性プローブは，近接場光学顕微鏡の性能を向上させるのに役立つ手段であり，化学，生物に応用範囲を広げる手段でもある。本文では，Capillary Dip Coating法により機能性プローブを開発する時に，固定化方法と信号強度の点から機能性材料を考慮しなければならないこと述べた。しかし，最終的には，材料の選択として，機能を重視するような方法が取られることが望ましい。そのためには，機能性プローブを作成するさまざま方法を開発することが必要である。

(栗原 一嘉，大津 元一)

参考文献

1) K.Lieberman, S.Harush, A.Lewis and R.Kopelman, Sceience **247** (1990) 59.
2) R.Kopelman, A.Lewis and K.Lieberman, J.Lumin. **45** (1990) 298.
3) W.Tan, Z.-Y. Shi, S.Smith, D.Birmbaum and R.Kopelman, Sceience **258**(1992) 778.
4) W.Tan, Z.-Y. Shi, S.Smith, D.Birmbaum and R.Kopelman, Anal.Chem. **64**(1992) 2985.
5) R.Kopelman, W.Tan, Z.-Y. Shi and D.Birmbaum, in *Near Field Optics*, edited by D.W.Phol and D.Courjon, Kluwer:Dordrecht (1993) 17.
6) Z.Rosenzweig and R.Kopelman, Anal.Chem. **67** (1995) 2650.
7) Z.Rosenzweig and R.Kopelman, Anal.Chem. **68** (1996) 1408.
8) M.Shortreed, R.Kopelman, M.Kuhn and B.Hoyland, Anal.Chem. **68** (1996) 1414.
9) M.Shortreed, R.Kopelman, M.Kuhn and B.Hoyland, Anal.Chem. **68** (1996) 2656.
10) M.Shortreed, E.Monson and R.Kopelman, Anal.Chem. **68** (1996) 4015.
11) M.R.Shortreed, S.L.R.Barker and R.Kopelman, Sensors and Actuators **B35-36** (1996) 217.
12) A.Song, S.Parus and R.Kopelman, Anal.Chem. **69** (1997) 863.
13) K.Kurihara, K.Watanabe and M.Ohtsu, Proceedings of OFS-11 (1996) 696.
14) H.Gotlish and W.M.Heckl, Ultramicroscopy **61** (1995) 145.
15) J. Janata, M.Josowicz and D. M. DeVaney, Anal.Chem. **66** (1994) 207R.
16) W.Rudolf Seitz, Anal. Chem. **56** (1984) 16A.
17) K.Kurihara and M.Ohtsu, Proceedings of CLEO/Pacific Rim'97 (July 1997) pp.148-149, Paper number Thk3, Makuhari, Chiba.

プローブ位置制御・走査技術

1. はじめに

走査型近接場光顕微鏡(SNOM)におけるプローブの位置制御技術としては，プローブ顕微鏡の基本といえるSTM, AFMといった制御方式と，この他にSNOM特有のエバネッセント光を用いる制御やShear Force方式の制御が挙げられる。AFM方式, Shear force方式のように，プローブで力を検出する方式では，別の光によってプローブの変位を検出するのが一般的であるが，光を用いない圧電検出方式についても研究が進んできている。一方，走査技術として考えた場合は，プローブの位置制御技術に加え，スキャナと走査・フィードバック回路が必要となる。以下，これらの項目について簡単に説明を行う。

2. プローブの位置制御技術

2.1 STM制御

STM制御の近視野顕微鏡は，図1に示すように光学プローブと試料表面の間の距離制御を光プローブの金属コート部をSTMプローブに兼用することによってトンネル電流による制御を行うものである。STM制御用の光プローブは，先端を尖鋭化した石英ロッドやシングルモード石

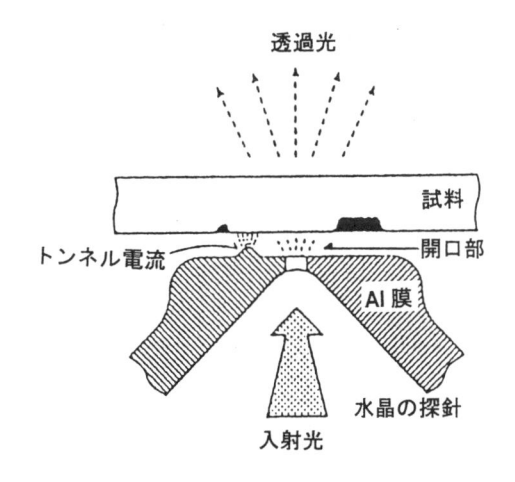

図1 トンネル電流によるニアフィールド制御の模式図[2]

英ファイバーにAl膜を蒸着した後，先端を試料に押しつけ，光が漏れるまでAl膜を押しつぶして，数10nm程度の開口を作製することで実現されている[1〜3]。光学プローブと試料表面の間の距離は，開口付近のAl膜の最先端部と試料表面の間でバイアス電圧によって生じるトンネル電流が一定になるように制御される。

STM制御の近視野顕微鏡ではSTM試料表面が導電性を持つときのみ制御が可能である。測定する試料表面が導電性を持たないときは，トンネル電流をモニターすることは困難なため，光学プ

ローブは試料面から一定の高さのところを二次元走査して,画像化することになる。

2.2 エバネッセント光制御

光の全反射条件の下で発生するエバネッセント光はその振幅が試料表面に垂直な方向に対して,指数関数的に減少する。エバネッセント光制御は,この原理を利用して,光学プローブと試料表面の間の距離制御を行うものである。フォトンのトンネル効果の原理を利用したものとも考えられるため,フォトン走査トンネル顕微鏡(PSTM)とも言う[4～6]。

エバネッセント光制御の場合の装置の基本的な形態は,レーザ等の光をプリズムに全反射角で入射させる。図2に示すように,プリズムの上面には試料が付着しており,試料の表面形状に依存するエバネッセント光が発生する。このエバネッセント光を微小開口をもつ光学プローブを使って読み込むことになる。エバネッセント場を通してトンネリングしたフォトンを強度測定する方式で,透過強度が一定になるように,高さ方向をサーボ駆動させて画像化している。

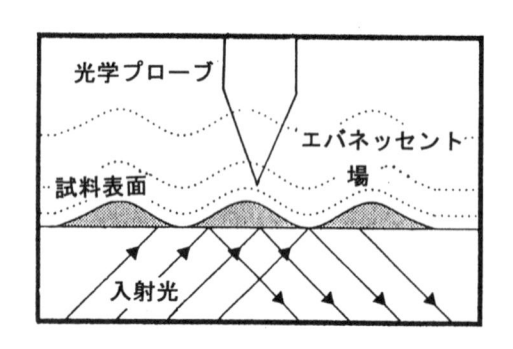

図2 エバネッセント光による
ニアフィールド制御の模式図[4]

2.3 力制御（光検出）
(1)シェアフォース制御

Shear force(Lateral force)モードでは,図3(a)に示すように,まっすぐなプローブを試料面に対して垂直に配置して,励振用のピエゾ素子によって,プローブを共振振動させ,試料表面に近づいた際にプローブ先端の振動振幅の減少あるいは励振信号に対する位相の変化を検出して,距離制御を行うものである[7]。Shear force方式の制御では,サンプル—プローブ間の距離を狭めていき,プローブの振幅が減少し始めてから,振幅がゼロになるまでの距離は,大気中では,およそ20nm程度である（図3(b)）。

Seare force制御のメカニズムは,空気中では,主に試料表面の吸着水によるキャピラリフォースが主に関与していると考えられる。乾燥雰囲気中や水中では,サンプル—プローブ間のフリクションや表面の微小な凹凸といった形状的な因子が作用していることが考えられる。

Shear force方式における光検出の方式としては,図3(a)に示したように,プローブにレーザー光を当てて,斜め後方に設置した分割型の光検出器で振動を検出する方法の他,検出光をプローブで反射させ,光の干渉を利用して,振動の検出を行う方式などもある[8]。

(2)AFM制御

AFM方式の制御は,プローブとサンプルの間に働く垂直方向の力を利用して,サンプルの位置制御を行うものである。このAFM方式は,大きく分類して,プローブを振動させるダイナミックモードAFM(DFM)[9]（図3(c)）とプローブを静的にサンプルを近づけて,プローブのたわみを見るコンタクト（スタティック）モードAFM（C-AFM)[10]（図3(f)）がある。

DFMモードでは,バネ定数の大きさと振幅によって,ノンコンタクトモードとサイクリックコンタクトモードに分類される。ノンコンタクトモードは,サンプル—プローブ間に働く引力によって,プローブの共振周波数が,低いほうにシフトすることを利用したものである（図3(d)）。一方,サイクリックコンタクト（タッピング）モードでは,プローブをサンプル表面に斥力の作用する領域まで押し込むため,プローブの振動振幅が,減少することになる。このサイクリックコンタクトモードは,大気中で,試料表面に吸着水がある場合には,吸着水のキャピラリフォースによって,プローブ

がトラップされないだけのバネ定数と振幅が必要である。実際のプローブの振幅は，光プローブを用いた場合，100nm〜数nmの範囲で可変でき，これに応じてアプローチにおける振動振幅の減少する領域の距離は変化する（**図3(e)**）。プローブの振動の光検出には，いわゆる光てこ方式による変位増幅の検出方式が用いられ[11]，振幅は，ロックイン検波することで，精度良く検出できる。このDFMモードの特徴は，取扱いの簡便性とプローブを破壊しにくいという点にある。

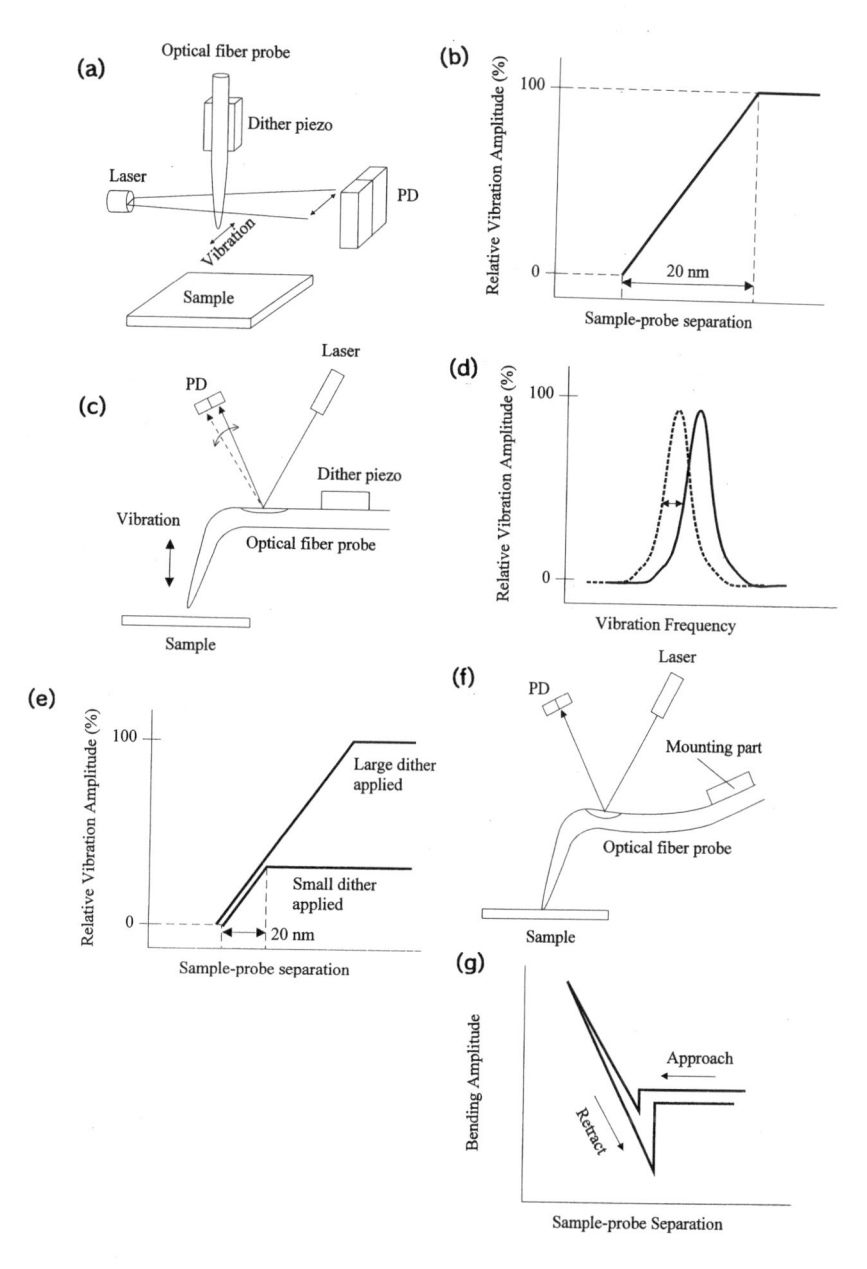

図3 (a) Shear force モードの模式図　　(b) Shear force モードにおけるプローブ−サンプル間アプローチ特性
　　(c) DFM モードの模式図　　(d) DFM モード（ノンコンタクト）における共振特性変化の原理
　　(e) DFM モードにおけるプローブ−サンプル間アプローチ特性　　(f) コンタクト AFM モードの模式図
　　(g) コンタクト AFM モードにおけるプローブ・サンプル間アプローチ特性

レバーのバネ定数が，数N/m以下の柔らかいプローブでは，コンタクトAFMモードで測定を行うことができる（図3(f)）。大気中におけるサンプループローブ間のフォースカーブは，図3(g)のように，アプローチの際に，まず，吸着水によるトラップによってプローブが引き込まれ，次いで，斥力が作用するようになる。次に，離れていくときには，プローブ先端が吸着水にトラップされているため，トラップが外れるまで下の方向に大きくプローブがたわみ，はずれた時点で急激にレバーのたわみが緩和する現象が観測される。

このAFM方式の制御モードでは，形状観察以外にもノンコンタクトAFMでは，静電気（表面電位イメージ），磁気力イメージなど，サイクリックコンタクトAFMでは，位相イメージ，コンタクトAFMでは，フリクションイメージや粘弾性イメージなどの機能情報のイメージングをも行うことが可能である[12]。

2.4 力制御（圧電検出）

プローブに作用する力によって，サンプループローブ間の距離制御を行う場合には，圧電素子を用いることで，光学的な変位手段によらずに，電気的な変位検出を行うことができる。特に，光ファイバープローブとの組み合わせでは，音叉型の水晶振動子が用いられている[13]。図4の例は，一体化した水晶振動子と光ファイバーを水晶振動子の共振周波数付近で，励振用圧電素子によって振動させ，この時に水晶振動子で発生する電荷の振幅を距離制御信号として用いるものである。この距離制御方式では，Shear force方式とDFM方式の2つの方式に対応することができる[14]。

3. 走査技術

3.1 ピエゾスキャナー

ここでは，近視野顕微鏡の試料走査用ピエゾスキャナーとして，AFMに用いられている，チューブ型ピエゾ素子を利用する場合について解説す

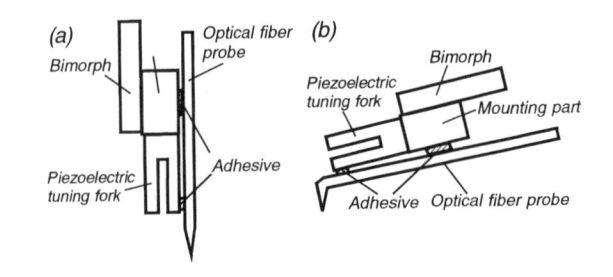

図4 圧電検出プローブの模式図
(a) Shear forceタイプ (b) DFMタイプ

る。チューブ型ピエゾ素子は，円筒状のピエゾ素子の内面，外面に電極を配置し，1本でXYZの3軸駆動をさせるものである。

近視野顕微鏡の場合は，試料直下に対物レンズや顕微鏡鏡筒を設置するため，ピエゾ素子はこれらを避けて構成する必要がある。図5に近視野顕微鏡用ピエゾ素子の具体例を示す。ピエゾ素子上に筒体を立て，その中心に対物レンズを設置する方法(a)や，ピエゾ素子を円周上に3本直立さ

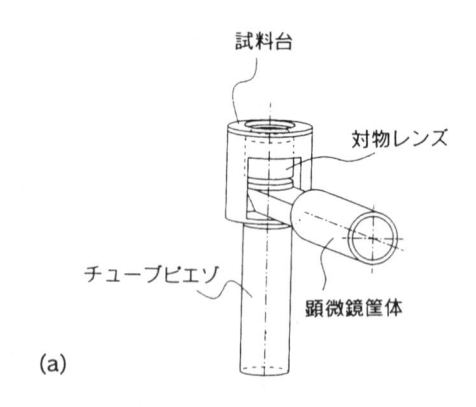

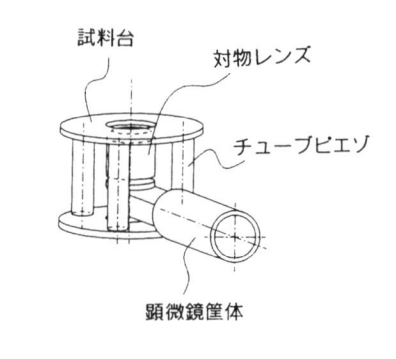

図5 近視野顕微鏡用ピエゾ素子の構成例

せ,中心の空間に対物レンズを設置する方法(b)などがある。図5(a)の場合,ピエゾ素子上部に慣性質量が付加されるため,固有振動数が低下し,高速駆動ができないが,シンプルな構造とすることができる。図5(b)場合,3本のピエゾ素子に試料台を固定するため,水平方向の走査範囲が,1本構成の時よりも減少するものの,固有振動数の低下は少ない。また,水平走査時の試料の傾きが補償されるという特徴を持つ。

以上のようなチューブ型ピエゾ素子を用いるスキャナの他に,積層型ピエゾ素子に変位拡大機構を付けた中空のXY微動ステージも市販されており,これをスキャナとして利用することもできる。

3.2 フィードバック回路

フィードバック制御を用いてピエゾ素子を駆動することによって,プローブとサンプル間の距離を一定に保ちながら走査することができる。図6に,光てこ法を用いたAFM制御におけるフィードバック回路の模式図を示す。制御系としては,比例制御(P)と積分制御(I)を行うPI制御系が多く用いられる。

図に示す制御系では,レーザーダイオード(LD)と受光素子(PD)からなるプローブ位置検出部から,プローブとサンプル間の距離(z)に対応する信号が出力される。この距離信号はローパスフィルタにより高周波ノイズを除去したのち,比較器でコンピュータからの目標値と比較され,その差分信号がPI制御系に入力される。PI制御系では,差分信号に比例した量および差分信号を一定時間積分した量の和が出力される。この信号はz方向駆動用の高圧電源を経てピエゾ素子に入力され,ピエゾ素子がz方向に伸縮することによりプローブとサンプル間の距離が目標値になるように制御される。PI制御系のP動作やI動作のゲインは基本的には高い方が良いが,ゲインが高すぎると制御系の位相のずれが大きくなりやすくなり,発振をおこしやすくなるため,サンプルやプローブ,スキャナの持つ特性(伝達関数)に応じて最適値を設定する必要がある。最近では,このフィードバック回路はデジタル回路(DSP)で構成されている。

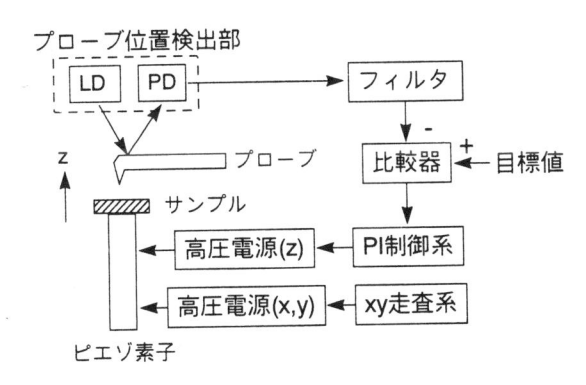

走査速度を向上させるためには,フィードバック回路自身の応答は通常十分速いため,プローブやピエゾ素子の共振周波数を高くしてフィードバック系全体の応答を速くする必要がある。

(中島 邦雄,村松 宏,本間 克則
光岡 靖幸,山本 典孝,千葉 徳男)

図6 フィードバック回路の模式図

参考文献
1) U.During, D.W.Pohl and F.Rohner, J.Appl.Phys., 59 (1986) 3318.
2) D.W.Pohl, Advances in optical electron microscopy, 2 (1991) p243-312.
3) 岡崎敏,光学,21(1992)791.
4) R.C. Reddick, R.J.Warmack and T.L.Ferrell, Phys. Rev., 39(1989)767.
5) 河田聡,光学,21(1992)766.
6) 大津元一,応用物理,65(1996)2.
7) E. Betzig and J. K. Trautman, Science 257, 189 (1992).
8) R.Teledo-Crew, P.C.Yang, Y.Chen and M.Vaez-Iravani, Appl.Phys.Lett. 60,2957(1992)
9) Y.Martin, C.C.Williams, and H.K.Wichramasinghe, J.Appl. Phys., 61(1987)4723.
10) G.Binning, C.F.Quate, and C.Gerber, Phys.Rev.Lett. 56, 930 (1986).
11) G.Meyer, and N.M.Amer, Appl.Phys.Lett., 56(1990) 2100
12) H.Muramatsu, N.Chiba, and M.Fujihira, Appl.Phys.Lett., in press.
13) K.Karrai, and R.D.Grober, Appl. Phys. Lett., 66 (1995) 1842.
14) H. Muramatsu, N.Yamamoto, T.Umemoto, K.Homma, N.Chiba, and M. Fujihira, Jpn.J.Appl.Phys., in press.

他のプローブ、走査プローブ顕微鏡技術との対応・関連

1. 防振技術[1,2]

　試料表面の情報を高分解能に観察する走査型プローブ顕微鏡にとって防振技術は重要な要素技術である。ここでは、外部振動の影響を避けるための除振技術について述べる。**図1**に除振装置と顕微鏡ユニットを簡単化したモデルを示す。除振装置の質量をM_1、顕微鏡ユニットの探針側の質量をM_2、バネ定数をそれぞれK_1、K_2とする。運動方程式は、系内での減衰を無視すれば、次式で与えられる。

$$M_1 \frac{d^2 X_1}{dt^2} + K_1 X_1 + K_2(X_1 - X_2) = K_1 X_0 \sin \omega t$$

$$M_2 \frac{d^2 X_1}{dt^2} + K_2(X_2 - X_1) = 0$$

ここにX_0、X_1、X_2は、それぞれ床の振動振幅、除振台上の振動振幅、顕微鏡ユニットの探針部の振動振幅である。また、ωは床の振動周波数である。除振の目的は、床の振動振幅に対して、探針・試料間の振動振幅$X_2 - X_1$を顕微鏡観察に影響を与えない程度に小さくすることである。そこで、床の振動振幅と顕微鏡ユニットの探針・試料間の振動振幅との比を伝達率Zとして次のように定義する。

$$Z = 20 \log \left(\frac{X_2 - X_1}{X_0} \right)$$

ここで、次のように床の振動振幅と除振装置の振動振幅との比を伝達率Z_1、除振装置の振動振幅と顕微鏡ユニットの探針・試料間の振動振幅との比を伝達率Z_2とすれば、以下のようになる。

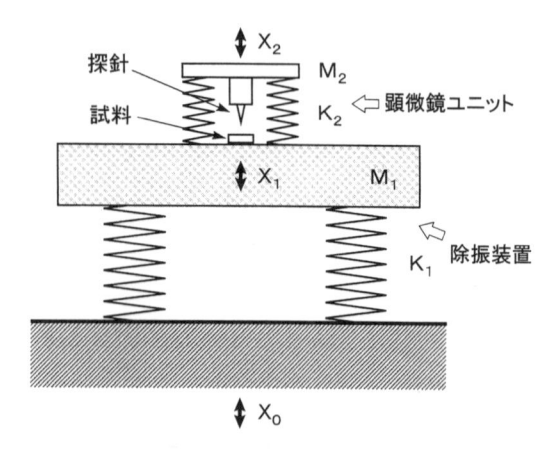

図1　除振装置と走査型プローブ顕微鏡ユニットの単純化モデル

$$Z_1 = 20\log\left(\frac{X_1}{X_0}\right)$$

$$Z_2 = 20\log\left(\frac{X_2 - X_1}{X_1}\right)$$

系全体の伝達率は，対数表示であるから次式のように各伝達率の和として求められる。

$$Z = Z_1 + Z_2$$

ただし，ここでは，除振装置の質量M_1が顕微鏡ユニットの探針側の質量M_2よりある程度大きいとする。

図2にそれぞれの伝達率を計算した結果を示す。横軸は，除振装置の機械的共振周波数$\omega_1 = (K_1/M_1)^{1/2}$で規格化した床の振動周波数$\omega$である。曲線Iは，除振装置の伝達率$Z_1$である。床の振動は，除振装置の共振周波数$\omega_1$を越えると除振装置に伝わりにくくなることを示している。曲線IIは，顕微鏡ユニットの伝達率Z_2である。ここで，実線及び破線は，顕微鏡ユニットの機械的共振周波数$\omega_2 = (K_2/M_2)^{1/2}$が，それぞれ，除振装置の共振周波数$\omega_1$の100倍及び500倍の場合である。除振装置の振動は，顕微鏡ユニットの共振周波数ω_2より低ければ，探針・試料間に伝わりにくくなることを示している。曲線IIIは，系全体の伝達率Zである。顕微鏡ユニットの共振周波数ω_2が高い方が，系全体の伝達関数が低下している。これは，除振装置の共振周波数ω_1をできるだけ下げ，顕微鏡ユニットの共振周波数ω_2をできるだけ上げることにより，系全体の除振性能が向上することを示している。なお，除振装置と顕微鏡ユニットの共振周波数ω_1，ω_2付近にピークがある。除振装置の共振周波数ω_1付近で振動が増幅されるのを防ぐために，実際には，除振装置にダンパーを設け減衰させる必要がある。また，顕微鏡ユニットの共振周波数ω_2付近でのピークは，ユニットを構成する材料自体の内部減衰により減少する。このため，共振周波数近傍以外での除振性能は，減衰の効果のため低下する。

除振装置としては，図3に示すように，ゴムのバネや剛性の低い金属コイルを用いる方式，

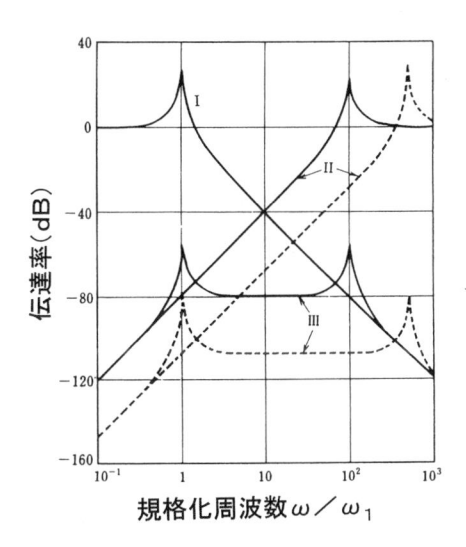

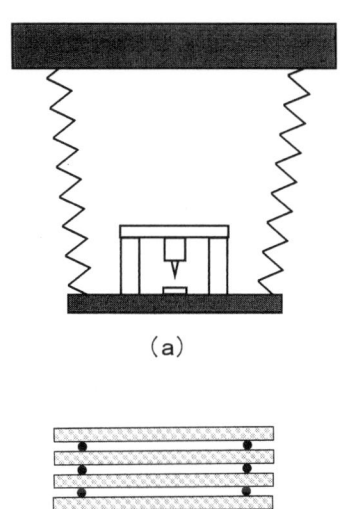

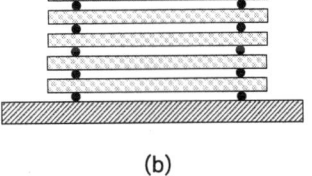

図2 除振装置と走査型プローブ顕微鏡
　　 ユニットの伝達率

図3
(a)バネ吊り方式除振装置
(b)金属スタック方式除振装置

空気バネを用いる方式，数枚の金属板の間にゴムを挟んで積み重ねた金属スタック方式などがある。図3(a)のバネで吊す方式は，バネを長くすれば共振周波数を下げられるという利点があり，極めて高い除振性能を期待できる。長いゴムで顕微鏡ユニットを吊せば，音響等の外乱の影響も受けにくくなるという利点がある。ただし，ゴムの耐久性に問題がある。一方，金属のコイルバネを使用すれば，真空チャンバー内でも使用できる利点がある。ダンパーとしては，磁石と銅ブロックからなる渦電流式制動が用いられている。ただし，コイルバネのサージング共振が除振性能を低下させる場合があるので注意が必要である。空気バネ方式は，現在，垂直方向の共振周波数が1.0Hz以下，水平方向の共振周波数が1.5Hz以下の高性能な除振台が市販されている。図3(b)の金属スタック方式は，バネ方式に比べて除振性能は劣る（機械的共振周波数は約100Hz）が，より簡単な構造のため小型で扱いやすいという長所を持っている。

　実際のSPM装置では，通常，1段の除振だけでは不十分である。そこで，空気バネ方式と金属スタック方式を併用する除振装置，バネ吊り方式と金属スタック方式を併用する除振装置，金属のコイルバネを2段用いる除振装置（真空中で動作する顕微鏡において）などが使用されている。

　また，最近では，アクティブ除振も使用されるようになってきた。空気バネを用いたパッシブ除振に比較して，共振点での伝達率が空気バネ式に比べて低い，搭載盤上で発生する振動も除振できる，復元時間が非常に早いという特長がある。アクティブ方式の動作する周波数は通常数100Hzまでであり，低周波数で振動振幅の大きな場所においては効果がある。したがって，数100Hz以上の周波数に対してはパッシブ除振を併用する必要がある。

2. 圧電素子の非線形性

　得られたデータから画像表示したり，定量分析する場合，その元になる取り込みデータの精度が重要なポイントになる。通常，圧電素子を電圧駆動すると，圧電素子の変位量は印加電圧に対して非直線的に変化する。これは，圧電素子のヒステリシス特性による。例えば，大面積走査に対しては，印加電圧に対する変位量の感度は，電圧が0V付近と最大電圧付近では2倍以上異なるため，圧電素子の非線形性の補正は不可欠である。

　圧電素子の非線形性を補正する方法としては，以下のものがある。

(1)ソフトウエアによる補正

　圧電素子の変位を歪みゲージや光学的手法等を用いて直接測定したり，あるいは，校正用標準試料の画像を取得し，それから圧電素子への印加電圧と変位量との非線形関係を2次あるいは3次関数で近似する。この関係を用いて，得られた画像の歪みをソフトウエアによって補正する。なお，X，Y，Z3軸の校正用標準試料としては，大面積走査に対しては，様々な寸法の2次元格子や様々な段差を持ったシリコン酸化膜試料などが用いられる。なお，このシリコン酸化膜試料は，微細加工技術を用いて製作されており，その距離精度は極めて高い。原子レベルの走査に対しては，HOPGやマイカ，単結晶シリコンの単原子ステップなどが用いられる。

(2)ディジタル走査による補正

　上記(1)の歪みゲージや校正用標準試料を用いて導出された走査電圧と変位量の非線形関係を用いて，走査時に画像が歪まないように走査電圧を補正する。なお，このような補正を精度よく簡単に行うためには，圧電素子の非線形関係を補正するソフトウエアとそれを出力するためのハードウエア（D/A変換器）からなるディジタル走査技術が必要となる。

(3)電荷制御による補正[3]

圧電素子の変位は，素子に与えられた電荷量に比例し変化する。そこで，この方法では，電荷量を制御することにより所望の変位になるようにする。なお，電荷量は，圧電素子に流入した電流を積分することにより求められる。

3. 慣性駆動方式による移動機構

一般に，走査型プローブ顕微鏡は，試料表面の湿気や吸着ガスに極めて敏感で，像の信頼性を高めるために制御された環境下で像を観察をしたいという要求が多くなってくる。例えば，半導体清浄表面のように大気中ですぐに表面が汚染される試料については，超高真空中で像を観察することが求められる。また，走査型プローブ顕微鏡の応用範囲が広がるにつれて，試料を加熱，冷却して観察したいという要求も多くなってくる。例えば，薄膜・触媒分野では，試料を冷却してガスの表面への吸着過程を観察したり，試料を加熱してガスの脱離吸着過程を調べることなどが求められる。

大気中で試料を冷却すると，大気中の水分により試料表面に霜が付いてしまう。大気中で試料を加熱すると，大気中の酸素と試料表面が反応してしまう。このように，試料の冷却や加熱は，大気圧中では不可能であり，真空排気することによって初めて可能となる。しかし，空気中で動作する走査型プローブ顕微鏡をそのまま真空中へ持ち込むのは困難である。これは，空気中の粗動アプローチ機構に使用されているモーターをそのまま真空中に持ち込めないとか，探針の変位検出に使用されているレーザー光の軸調整ステージを真空中で精密に調整することが難しくなるなどの理由による。このため，真空中で動作する走査型プローブ顕微鏡は，空気中で動作するものと比較して，装置や操作が複雑になってしまう。このような問題点を軽減するため，現在では，真空中での動作に対して様々な要素技術が開発されている。ここでは，その中の有望な技術として慣性駆動方式を用いた粗動アプローチ機構[4]と光軸調整機構[5]を紹介する。

図4に慣性駆動方式の粗動アプローチ機構の動作原理を示す。ずれモードの圧電体の上に試料ステージを載せておく。この状態で，圧電体に三角波状の電圧を印加する。印加電圧がゆっくりと上昇する①から②の領域では，静止摩擦力によって圧電体と試料ステージは圧電体の変位量と同じだけ移動する。印加電圧が急激に下がる②から③の領域では，大きな加速による圧電体の慣性力が，圧電体と試料ステージとの間の静止摩擦力を上回り，滑りが生じる。すなわち，瞬間的に圧電体を戻すと，試料ステージは圧電体の動きに追従できず動かない。①に比べて③では，試料ステージは滑りの分だけ移動する。この動作を繰り返すことにより，試料ステージは圧電体の上を滑りながら移動する。なお，試料ステージを単に圧電体の上に載せただけでは外部振動によっても滑ることがあるので，磁力を用いて試料ステージをクランプする。また，図5は，この慣性駆動方式を用いて，ミラーの

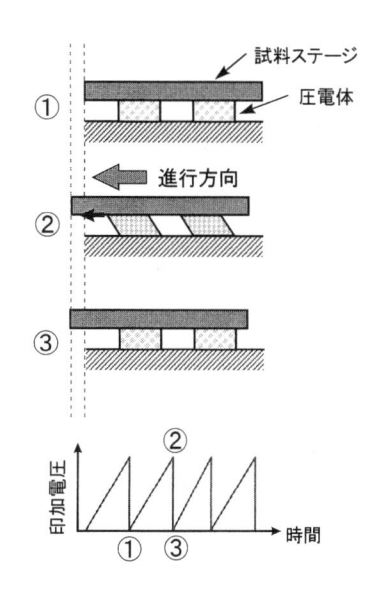

図4 慣性駆動方式の粗動アプローチ機構

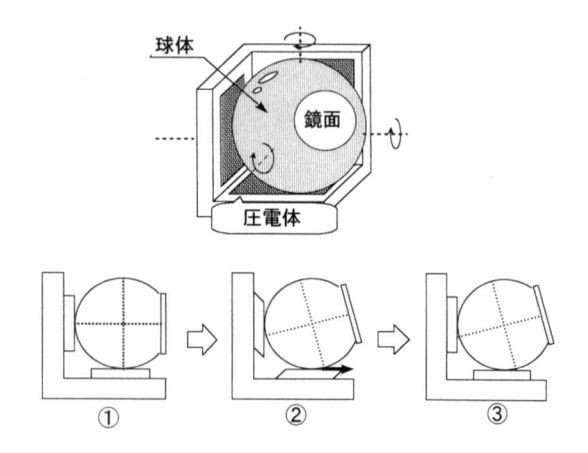

図5 慣性駆動方式の光軸調整機構

張り付けた球を回転させる機構（光軸調整機構）を示している。

なお，この慣性駆動方式によるアプローチ機構や光軸調整機構は，以下のような利点を持っている。

・機械的な接続を必要とせず，電気的にコントロールが可能である。
・高精度な機械部品を必要としないので，製作が容易である。
・移動量の再現性がよい。
・小型軽量で，機械的共振周波数が高いので，外部振動の影響が入りにくい。
・空気中はもちろん，真空環境下でも動作する。
・発熱しないので，低温環境下でも動作する。

（菅原 康弘）

参考文献

1) M. Okano, K. Kajimura, S. Wakiyama F. Sakai, W. Mizutani and M. Ono; "Vibration isolation for scanning tunneling microscopy", J. Vac. Sci. Technol. A5 (1987) 3313.
2) Y. Kuk and P. J. Silverman; "Scanning tunneling microscope instrumentation", Rev. Sci. Instrum. 60 (1989) 165.
3) V. Newcomb and I. Flinn; "Inproveing the linearity of piezoelectric ceramic actuators", Electron.Lett., 18 (1982) 442.
4) D. W. Pohl, "Dynamic piezoelectric translation devices", Rev. Sci. Instrum. 60 (1987) 54.
5) L. Howald, H. Rudin and H.-J. Güntherodt, "Piezoelectric inertial stepping motor with spherical rotor", Rev. Sci. Instrum. 63 (1992) 3909.

画像処理技術

1. NSOMと画像処理

走査型トンネル顕微鏡やNSOMに代表されるような微細プローブを試料面内に走査して試料表面形状等をマッピング，画像化する走査プローブ顕微鏡SPM[1]の代表的な構成例を**図1**に示す。この図において画像処理系統は，微細プローブによって獲得された試料表面状態を，観測者（人間）が理解できるように画像化するための重要な要素となっている。SPMでは試料表面状態量は，微細プローブが試料表面内にxy2次元走査したときのz方向関数$f(x, y)$の時系列データである。このため，SPMの画像処理は(x, y, z)で示される時系列データをディスプレイや紙等の2次元表示装置に変換する重要な働きを担っている。したがって，SPMの画像処理は，コンピュータによるディジタル画像処理がもっともふさわしいことになる。ディジタル画像処理には，人間の目や脳の仕事の代替する役目と人間にはできない高精度・高速度等の高度な処理に大別できる。前者には輪郭の抽出，低コントラスト構造の強調，雑音の除去，画像歪みの補正があり，後者には定量分析，数学的変換による物質分布や構造解析などがあげられる。ここでは，NSOMに関連した画像処理の中でも基本的なことについてふれる。

NSOMをはじめとするSPMにおける画像処理に関連した特徴には以下の点が上げられる。
①NSOMによる取得データは2.5次元である

これは，SPM全般について言うことができるが，図2のように試料表面内のある点(x, y)におけるz方向の情報，例えば高さ$f(x, y)$は二つの値を取ることはできない。すなわち，アンダーカット構造は，微細プローブがその内部に入ることができないため，画像データは得られない。
②等ピッチ2次元格子データである

図1に示すように，SPMプローブはx, y走査機構によって一定間隔で切り出された2次元点列に

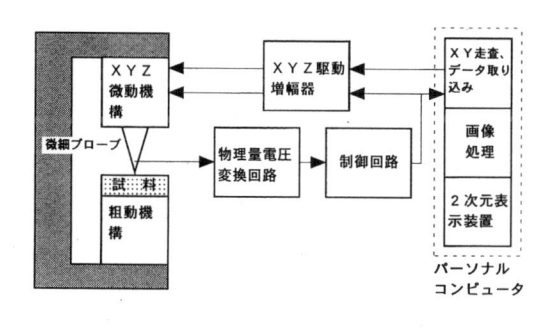

図1　走査プローブ顕微鏡(SPM)の構成

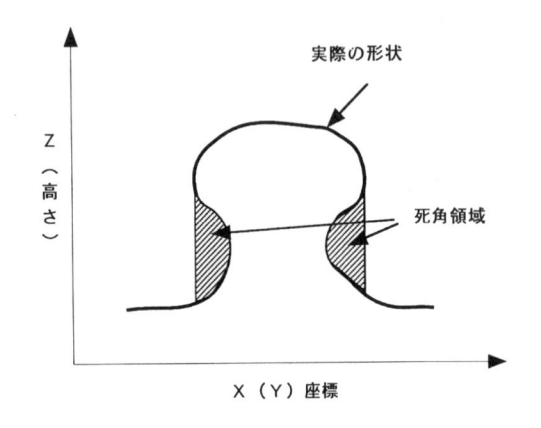

図2　試料のアンダーカット構造

制御される。その結果として2.5次元フォーマットされた(x, y, z)の座標データが得られる。ほとんどのSPMではデータフォーマットが簡単であること，データ容量が小さいという特徴から，(x, y)には等間隔の2次元格子データに対する$z=f(x, y)$が使われる。

③z方向データが多様な物理量である

SPMの中でもSTMやAFMのz方向データは，特殊な場合（STSや摩擦力等）を除いて，試料の凹凸情報すなわち高さ情報に限られる。これに対し，NSOMによって得られるz方向データは，シアフォース法によって得られる高さ情報とともに，多様な光学情報が対応している。プローブによって検出もしくはプローブからの照明光の一部を検出することによって得られる試料の吸光度，反射率，屈折率，偏光状態，蛍光強度あるいは光源波長もしくは検出波長を変えることによって得られる分光情報がある。すなわち，高さ情報以外の多次元な情報を個別にあるいは同時に取得できることがNSOM以外のSPMでは実現できない大きな特徴である。しかし，光学情報，とくに蛍光強度や分光強度は微小であるため，画像化するにあたってSN比を向上させる工夫が必要である。検出器には微弱光検出に適した光電子増倍管やアバランシェフォトダイオードが使われる。また，強度変調光のロックイン検出によるSN比の改善もよく使われる。ただし，この手法は計測の時定数が長くなるため，プローブの走査速度の低速化，すなわち観測時間の長大化を招きがちである。

2. NSOMにおける画像処理

表面形状データ(x, y, z)は，(x, y)座標が試料面内の2次元位置座標であるのに対し，z座標が高さ情報となっている。そのため，zデータを高さ情報から濃度情報に読み換えることによって，手法が確立している濃淡画像処理における各種のアルゴリズムをそのまま適用できることになる。一方，光学情報は，そのz方向データが光強度，屈折率等に対応するため，表面形状情報と同じくディジタル画像処理を適用することができる。したがって，NSOMによって獲得された3次元数値データをディジタル画像処理する過程は次のように大きく二つに分けることができる。
①画像歪み補正
②濃淡画像処理

2.1　画像歪み補正
(1)走査機構の非直線補正

NSOMのx, y, z微動走査機構によく使われているPZT圧電素子の印加電圧に対する変位特性のヒステリシス現象を補正するために使われる。しかし，一般的にはこの補正は画像処理段階での補正と言うよりも，プローブの走査段階，すなわち画像データを取得するときに補正することが多い。例えば，あらかじめ求めておいたPZT圧電素子の印加電圧—変位特性から走査観測時に変位が線形となるようにPZT駆動電圧を補正する方法とか，PZT圧電素子と変位センサーを組み合わせてフィードバック制御によってヒステリシス補正をする方法，あるいはPZT圧電素子にコンデンサを直列に接続して相対的にヒステリシス特性を低減させる方法[2]等が提案されている。特に，コンデンサとPZTを直列接続

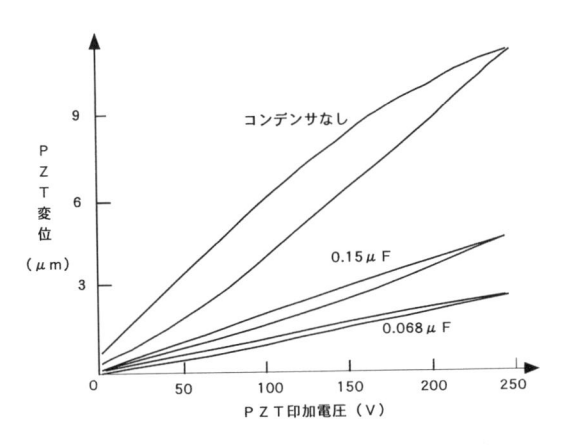

図3 コンデンサ直列接続による
PZTヒステリシスの改善

する方法は，比較的簡単に実行できる割にヒステリシスの改善効果は大きい。例えば，図3にその一例を示す。積層型PZT圧電素子単体の変位特性に16％のヒステリシスがあるのに対し，コンデンサを直列に接続することによって，ヒステリシスが7％と2分の1に改善されている。

(2) 傾き補正

NSOMプローブのxy試料面内の走査方式は，一般にラスター走査が行われる。例えば，x方向を主走査するとy方向のある列の隣接する点は，x方向のそれと比べてx方向の1ライン分の走査時間だけ遅れる。したがって，もし，観測時間内にプローブ－試料間距離が変動した場合，y方向に大きく傾斜した観測画像となる。このような観測データを画像表示した場合，傾斜成分に隠れて微細な構造が表示されない場合が多い。NSOMのプローブ－試料間距離は，1nmから100nmオーダーであるため，NSOM装置に使われている金属材料の熱膨張による熱ドリフトやPZT圧電素子のクリープ特性，あるいは制御回路のオフセット電圧や増幅器の温度ドリフトによって観測画像には副走査方向に傾く画像歪みが見られることになる。これらを防ぐにはNSOMの周囲環境の温度変動を抑えるとともに，NSOM装置の金属材料には熱膨張係数の小さい材料を使用したり温度ドリフトを打ち消し合うような装置設計が要求される。しかし，NSOMの場合，検出する物理量が微小であるため，長い積分時定数を用いることが多く，走査速度を遅くせざるを得ないため，装置のわずかな温度ドリフトの影響は避けられない。そこで，各種のドリフトによる観測画像の傾斜を画像処理によって補正することが行われている。傾斜補正には，取得データから基準平面を回帰計算によって求め，観測データから基準平面を差し引くことによって行われる[3]。すなわち，すべての格子点からx, yに対するzの回帰平面を求め，それを基準平面とする。zの回帰平面は次式のようになる。

$$z - \bar{z} = a(x - \bar{x}) + b(y - \bar{y}) \quad (1)$$

ただし，

$$a = \frac{c_{zx}\sigma_y^2 - c_{yz}c_{xy}}{\sigma_x^2\sigma_y^2 - c_{xy}^2}, \quad b = \frac{c_{yz}\sigma_x^2 - c_{zx}c_{xy}}{\sigma_x^2\sigma_y^2 - c_{xy}^2} \quad (2)$$

である。ここで$\bar{x}, \bar{y}, \bar{z}$は$x, y, z$の平均値，$\sigma_x^2, \sigma_y^2, \sigma_z^2$は分散値，$c_{xy}, c_{yz}, c_{zx}$は共分散である。また，$a, b$は偏回帰係数と言われ，法線ベクトル$\mathbf{n}$は$a, b$を使って次式のようになる。

$$\mathbf{n} = (a, b, 1) \quad (3)$$

したがって，a, bはそれぞれx, y方向の傾き，すなわちx, y方向のチルト角θ_x, θ_yの正弦となる。ここで，θ_x, θ_yは実際の画像では大きくないと考えられるので，補正後のz'は

$$z' = z - x\tan\theta_x - y\tan\theta_y = z - ax - by \quad (4)$$

となり，傾きが補正されることになる。

2.2 濃淡画像処理

濃淡画像処理には画質改善のための濃度変換と画像の鮮鋭化，平滑化，ぼけの除去あるいはエッジ，線の検出のためのフィルタリング処理に大別できる。

(1)濃度変換

NSOMにおいてシアフォースフィードバック制御によって表面形状を観測しながら，試料透過光強度分布をパーソナルコンピュータに取り込む際に，検出系の感度とAD変換器のダイナミックレンジの設定が適切でないと，画像のコントラストが適正でない場合がある。スチール写真で言うところの露光不足や露光過多の画像となり，微細構造が判別しづらくなる。そこで，画像の微妙な濃淡変化を見やすくするために，画像濃度もしくはそれに相当する試料表面高さに対して一定の変換係数を乗じる濃度変換が行われる。すなわち入力画像Xiの値を，適当な関数fを用いて$Yi=f(Xi)$に変換することにより出力画像濃度が得られる。関数fの代表的なグラフを**図4**に示す[4]。**図4(a)**はレベルスライスを表し，特定の入力濃度分布を抽出するときに使用する。また，抽出した濃度帯が2本以上あるときにも等輝度線として出力画像分布が得られる。**図4(b)**は画像の濃淡幅を複数個の区分に分割してそれぞれの区分に濃度値を割り当てて画像出力する。すなわち入力画像の階調を落とすときに用いられる。**図4(c)**は，入力画像の濃度変化幅を，利用する画像出力装置のダイナミックレンジのフルスケールに増幅させることによってコントラストの悪い画像の画質改善を行う。

以上の関数の他にも背景画像を残しながらコントラストを改善する中間輝度強調，ネガポジ反転などがある。また，入力画像濃度のヒストグラム分布をある特定の形状のヒストグラム分布を有するように濃度変換する手法がある。特に変換後のヒストグラム分布として平坦な形状に変換する手法をヒストグラムイコライゼーションという。

(2)空間周波数フィルタリング

NSOMによって得られた表面形状や光学画像において濃度変化が大きく密な分布をしている画像は高い空間周波数成分を持つと言われ，これに対し，濃度変化が少ない画像は低い空間周波数成分を持っていると言われる。そこで，空間周波数領域で画像処理を行えば，画像に含まれる構造の部分的抽出やノイズの除去等を行うことができる。このような処理を空間周波数フィルタリング（単にフィルタリングとも言う）と言い，画像処理において重要な手法となっている。

フィルタリングを行うには画像空間から周波数空間に変換する2次元フーリエ変換が用いられる[5]。2次元の振幅強度分布関数$f(x, y)$で表され

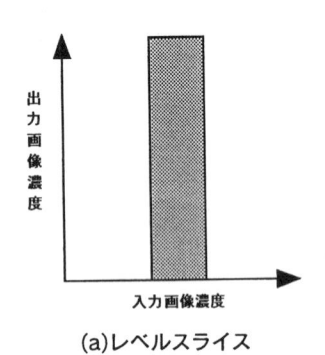

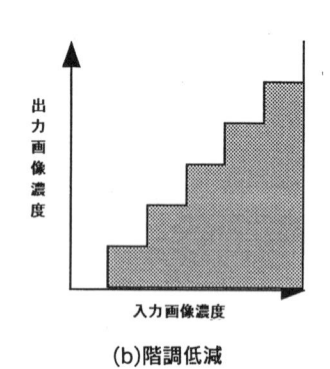

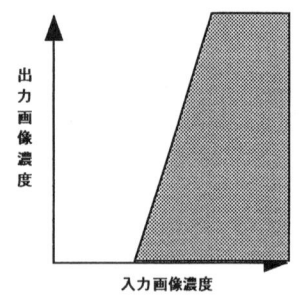

(a)レベルスライス

(b)階調低減

(c)ダイナミックレンジ変換

図4 各種の濃度変換曲線

る画像の空間周波数座標 (u, v) におけるフーリエ変換像 $F(u, v)$ は

$$F(u, v) = \int_{-\infty}^{\infty}\int_{-\infty}^{\infty} f(x, y) \exp\{-2\pi i(ux + vy)\}dxdy \quad (5)$$

となり，そのフーリエ逆変換は

$$f(x, y) = \int_{-\infty}^{\infty}\int_{-\infty}^{\infty} F(u, v) \exp\{2\pi i(ux + vy)\}dudv \quad (6)$$

と表される。ところで，NSOMの画像は，N×Nのディジタル画像 $f(x, y)$ であるため，

$$F(u, v) = \frac{1}{N}\sum_{x=0}^{N-1}\sum_{y=0}^{N-1} f(x, y) \exp\left\{-\frac{2\pi i}{N}(ux + vy)\right\} \quad (7)$$

となる。$F(u, v)$ にフィルタ関数 $T(u, v)$ を乗じて逆フーリエ変換を行うとフィルタリング画像 $g(x, y)$ が得られる。

$$g(x, y) = \frac{1}{N}\sum_{u=0}^{N-1}\sum_{v=0}^{N-1} F(u, v) \cdot T(u, v) \exp\left\{-\frac{2\pi i}{N}(ux + vy)\right\} \quad (8)$$

実際の画像処理では，演算時間を大幅に短縮できる計算アルゴリズムである高速フーリエ変換(FFT)を用いてフィルタリング処理が行われる。一方，フィルタリング画像 $g(x, y)$ は次式のように表される。

$$g(x, y) = \sum_{x'=0}^{N-1}\sum_{y'=0}^{N-1} t(x-x', y-y') f(x', y') \quad (9)$$

ここで，t はフィルタ関数 T の逆フーリエ変換関数である。上式のようにもとの関数とフィルタ関数の積和の関数をコンボリューションという。フィルタ関数 t が (x, y) の近傍±M画素の影響する局所フィルタと考えることができるとき

$$g(x, y) = \sum_{k=-M}^{M}\sum_{l=-M}^{M} t(k, l) f(x-k, y-l) \quad (10)$$

となる。実際には，M×Mのウィンドウについてフィルタ関数 $t(k, l)$ を導入してもとの画像との積和の計算を行う。フィルタ関数には，最大値，最小値，平均値，中央値，1次微分，2次微分などがある。最初の4つのフィルタは，入力画像からn×mの画像を切り出し，切り出した画像のそれぞれ最大値，最小値，平均値，中央値で対象セルの濃度値に置き換える。最大値および最小値フィルタによって出力画像は，それぞれ入力画像に比べ全体として明るいもしくは暗い画像になる。一方，平均値及び中央値フィルタは，入力画像の高い空間周波数成分であるノイズ成分を除去することができるローパスフィルタの役目をする。

1次微分フィルタを用いることで方向性のあるエッジを検出でき，これによって画像が鮮鋭化される。ディジタル画像処理では，微分は差分で表現される。しかし，1次微分フィルタでは微分値がエッジの方向に依存するため，エッジの判断に困難を伴う場合がある。そこで，エッジの方向に依存せず，濃度値の変化に応じた値である等方的な2次微分であるラプラシンフィルタが用いられる。**図5**に代表的な3×3フィルタを示す[4]。

0.1	0.1	0.1
0.1	0.2	0.1
0.1	0.1	0.1

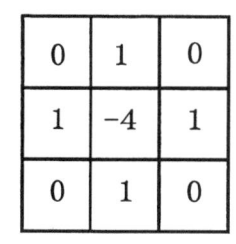

(a)平均値

0	1	0
1	-4	1
0	1	0

(b)4方向ラプラシアン

1	1	1
1	-8	1
1	1	1

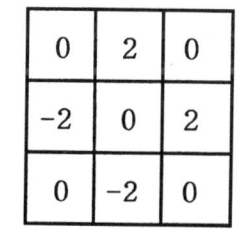

(c)8方向ラプラシアン

0	2	0
-2	0	2
0	-2	0

(d)右下がりのエッジ検出

図5　各種の3×3フィルタの例

3. NSOMのための
   画像処理ソフトウェアの実際

　前節で述べたような画像処理をするために，各種の汎用画像処理，画像解析ソフトウェアが市販されているが，いずれも高価格で，NSOMの画像処理にふさわしい機能を持っているとは言い難く手軽に使用できると言うわけではない。そこで，パブリックドメインソフトウェアの中で探すと，NSOMの画像解析に最適なソフトウェアとして"Image SXM"があげられる。これは，画像処理・解析ソフトウェアとして著名な米国のNIH(National Institute of Health)で開発されたNIH ImageにSPM用画像データの表示，解析のためのプラグインソフトウェアを追加したもので，英国Liverpool大学のS. Barrett博士が開発した。"Image SXM"は，Barrett博士のFTPサイト(138. 253. 47. 16)からダウンロードできる。また，ミラーサイトとしてphysics. montana. edu / pub / mac / Image SXMからもダウンロードできる。動作環境はLC以上の殆どのマッキントッシュ(PPC, 68k)で動作可能とのことである。

3.1 Image SXMの使い方

　Image SXMをダウンロードして解凍後，起動すると図6のような起動画面がファンファーレとともに数秒表示された後，図7の定常画面になる。画面左側にルックアップテーブル(LUT)の表示，ツールボックス，マップボックス，画像の座標，濃度を表示する情報ボックスが表示される。メニューには，File, Edit, Options, Process, Analyze, Special, Stacksがある。これらはオリジナルのNIH Imageと共通部分である。通常の濃度変換やフィルタリング処理はこれらのメニューから選択して行うことができる。これに対し，NIH Imageにないメニューとして次のSEM，SPMがある。SEMはその名の通り，走査電子顕微鏡の画像ファイルを入力，表示する機能を持っている。

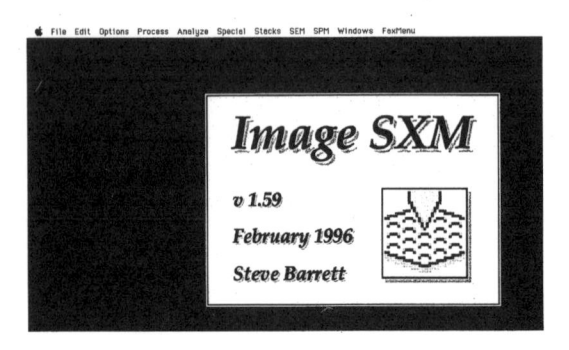

図6　Image SXMの起動画面

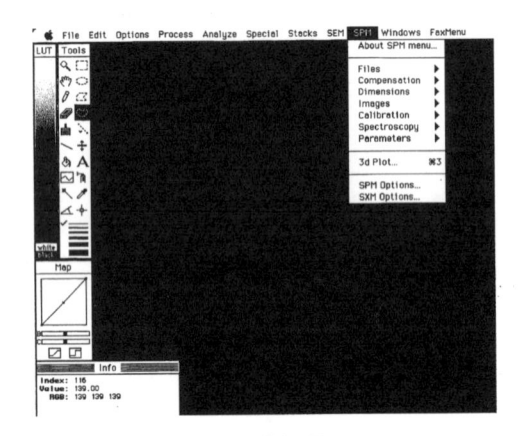

図7　SPM画像処理メニュー

ある特定のSEMメーカーのビデオ画像データを入力するのに都合がよい。また，校正用数値表示バーの表示機能もある。

　SPMのメニューは，SEMに比べると多彩で，次のような機能を使えることができる。

　Files：ファイル名の変更，ファイルタイプの
　　　　変更，SPM画像のオープンなど
　Compensation：xy方向の傾き補正，2次曲面
　　　　の背景成分の除去，画像線分での定数，1
　　　　次，2次回帰線による補正
　Dimensions：スケール表示単位の選択
　Images：画像の回転，周囲の境界線の付加，
　　　　縦軸，横軸，ルックアップテーブルの付加，
　　　　画像内のステップ高さの計測
　Calibration：x, y座標の校正，z方向の校正
　Spectroscopy：STM分光のためのメニュー

Parameters：SPM画像に関するパラメータの表示，印刷，SPM画像へのコメントの入力
3d Plot：SPM画像の3次元表示
SPM Options：SPM画像入力のための初期設定，代表的な5社のSPMに用いられている画像フォーマットを選択できる
SXM Options：設定画像サイズに対する入力画像の拡大・縮小率の設定

3.2 Image SXMによる画像処理例

Image SXMを用いてSPM取得データの画像処理をした例を**図8**に示す。これは，Image SXMをダウンロードしたときにデモ用画像として添付されたものの一部である。**図8**では傾斜補正，および2次回帰曲線による補正の効果を示している。補正を全く行わない場合には，傾斜成分が大きく微細な構造がマスクされて全く観測することができない（左上画像）。これに対し，傾斜補正をすることで微細構造が明らかとなり（右上），さらに2次回帰曲線補正をすることで（下段画像），画像全面にわたってコントラストのある微細構造を観測できている。

図9は，SPMのメニューの3d plot機能を用いてマグネタイトのトポグラフィーを3次元表示したものである。視角，光線入射角を自由に変更設定できる。

（梅田 倫弘）

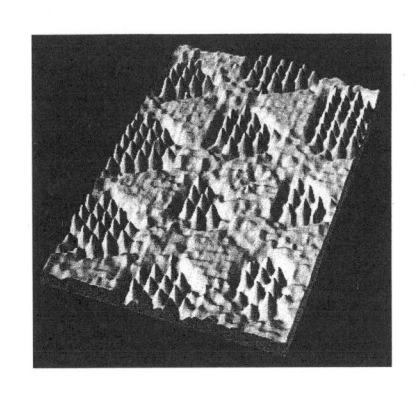

図9 SPMメニュー 3d Plotによる3次元表示

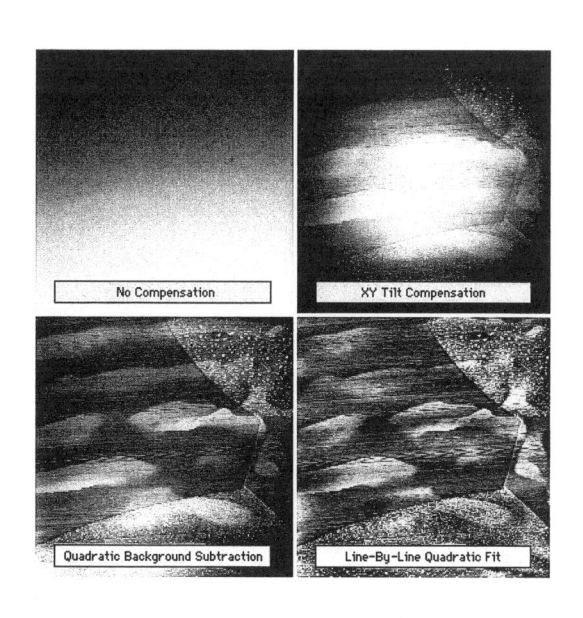

図8 各種補正の効果

参考文献

1) J. P. Fillard："Near Field Optics and Nanoscopy", World Scientific Pub. Co. Ltd, Singapore, 1996.
2) H. Kaizuka and B. Siu：Jpn. J. Appl. Phys., 27, No.5, L773-L776 (1988).
3) 藤沢偉作："楽しく学べる統計教室"，現代数学社
4) 谷尻豊寿："パソコンによる最新画像処理入門"，技術評論社，1996.
5) 日本リモートセンシング研究会編："画像の処理と解析"，共立出版，1986.

像解釈へのアプローチ
マイクロ波によるシミュレーション

1. はじめに

　フォトンSTM (PSTM)は誘電体試料表面にエバネセント波を発生させ，その等強度面を誘電体プローブでマッピングすることで，試料形状や誘電率分布を知ろうとするものである。エバネセント波は試料表面に局在しているので，プローブ先端を十分先鋭化しておけば，光の波長より小さい物体を観測することができる。
　しかし，
①像が試料の形状，あるいは誘電率分布を忠実に反映しているか？
②プローブ先端の形状，サイズ，コーティングは検出感度や，分解能にどのような影響を与えるか？
③使用する光の入射角，偏光，コヒーレンスが像にどのような影響をもたらすのか？
など定量的に理解しておかなければならない問題がある。
　これらを調べるには，プローブ先端や試料表面の近接場を正確に評価する必要があるが，光領域でこれらを直接測定することはまず不可能である。そこで我々はマイクロ波を用いてPSTMを模擬する実験を行なった。

マイクロ波を用いた系には次のような特長がある。
①波長がcmオーダなので，試料やプローブが正確に，また容易に作成できる。
②屈折率1.5程度の誘電体が利用でき，光領域のガラスを用いた系との比較がしやすい。
③小型の検波ダイオードを用いて，局所的な場をプローブを介さず直接測定できる。
このような模擬実験は，PSTMに限らず，光領域の近接場に関する様々な知見を得るのに役立つ。

2. 実験

　実験装置の概要を図1に示す。使用したマイクロ波の波長は約2.85cmである。場の強度の測定は，小型のショットキダイオード(2mm ϕ × 8mm)を試料に近づけ，直接2乗検波することで行なった。光の場合のように，誘電体プローブを用いないので，近接場に関する，より直接的な測定を行なうことが可能である。マイクロ波源にはパルス変調(15kHz)を施し，ダイオードの検波出力をロックインアンプで増幅している。ダイオードはモータ駆動のリニアステージに取り付けられ，空間的に走査できる。
　誘電体には光領域におけるガラスを模擬する

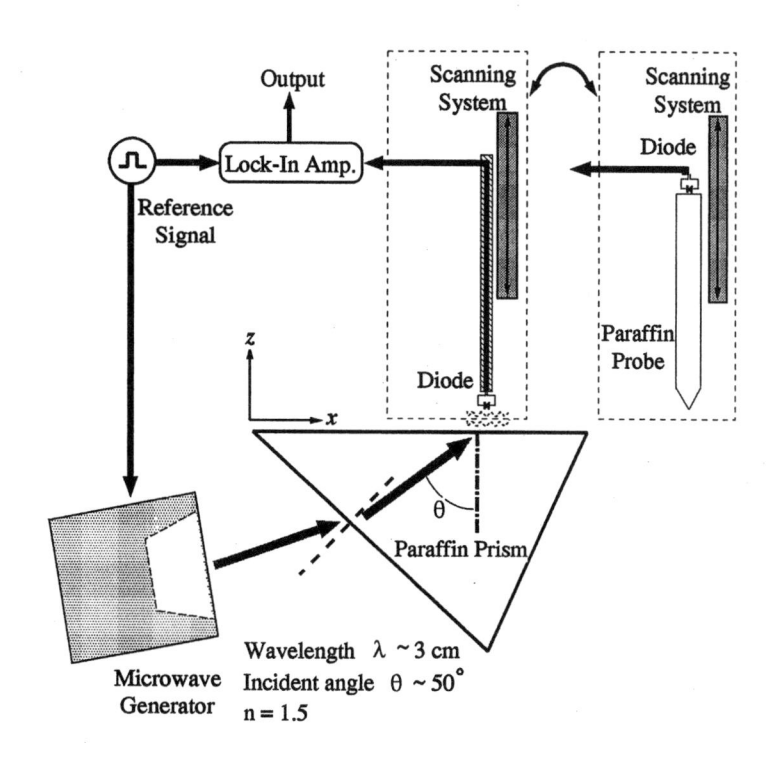

図1 マイクロ波によるPSTMのシミュレーション実験装置

のに適当なパラフィン（屈折率1.56）を用いた。パラフィンを用いてプリズム（幅27cm，長辺37cm）を作成した。以下の実験は，表面への入射角は約50°，偏波はTEで行った。

2.1 プリズム表面のエバネセント波の測定

まず，パラフィンプリズム内部で全反射されたマイクロ波が作るエバネセント波を検出するため，ダイオードをプリズム表面に垂直に走査し，検波出力を記録した。図2に示すように，距離zに対し場の強度が急激に減少している。検波出力は対数でプロットされており，その直線性からエバネセント波の特徴である，指数関数的な減衰が見てとれる。理論から予想される傾き（破線）ともよい一致を示している。zが2cm

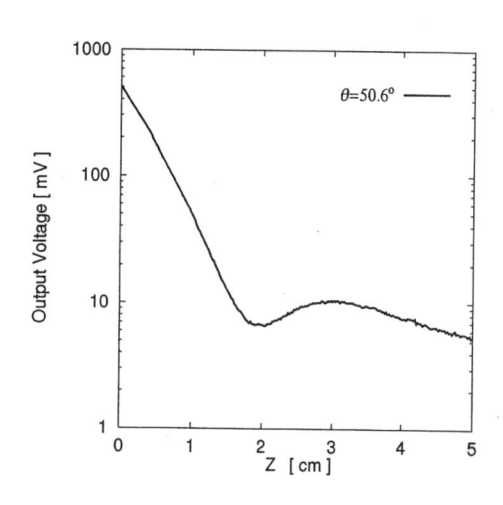

図2 プリズム上のエバネッセント波強度の距離依存性（片対数）

を越えると，伝搬（放射）成分が卓越するようになり，エバネセント成分はこれに埋もれて見えなくなる。伝搬成分は，パラフィン中の空気の泡などによる散乱や，入射波の波数ベクトルに広がりがあり，全反射条件を満たさない成分が存在するために発生していると考えられる。

2.2 段状物体の近接場

幅 $w = 55$mm，高さ $h = 3$mm の矩形帯状のパラフィンをプリズム表面に貼りつけ，その近傍の場を調べた。走査は，帯を横断する方向(x)にプリズム表面とプローブの間隔 z を一定に保ちながら行なった。

図3に測定結果を示す。段の高さが $\lambda/10$ 程度であるにも拘わらず，マイクロ波の分布は期待される矩形からは大きく崩れていることがわかる。またピークも中心から，かなり $+x$ 方向にずれていることがわかる。この非対称性はマイクロ波が $-x$ 方向から入射していることに起因する。

図4に計算結果を示す。入射波で誘起される表面双極子からの放射を合成しただけの簡単なモデルであるが，測定結果と比較的よく合っている。さらに，段差付近のマイクロ波強度の垂直分布を測定すると，指数分布から大きくずれており，伝搬成分が卓越していることが分かった。この事実も，数値計算で確かめることができた。

これらの現象は次のようなモデルを用いるとよく理解できる。平面上にエバネッセント波が発生している状況を考える。図5の実線は，表面にごく近いエバネセント波の強度分布（z一定）を示している。表面の中央から左半分，あるいは右半分を完全吸収体で覆った場合の波の強度は，回折効果により，エバネッセント条件が破れて，破線で示すような特徴あるものになる。ただし，この2つの分布は振幅で合成すると，放射成分の打ち消しが生じ実線に対応する分布になる（バビネの

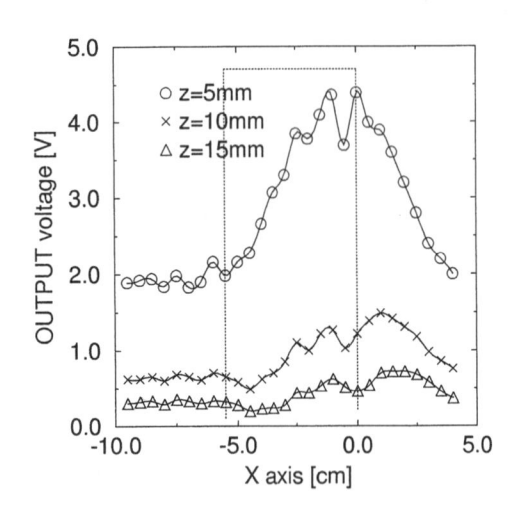

図3 段状物体付近の近接場の測定例

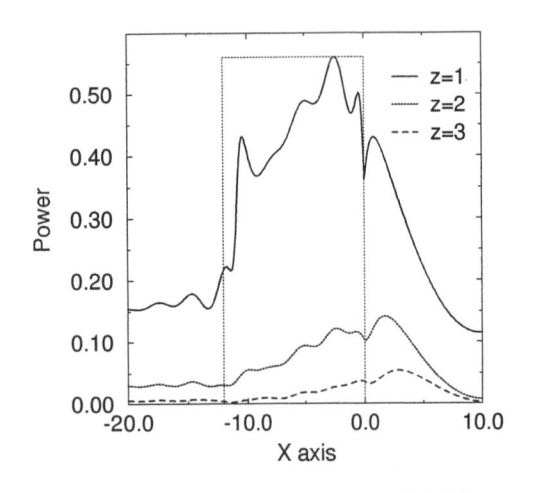

図4 段状物体付近の近接場のモデル計算結果

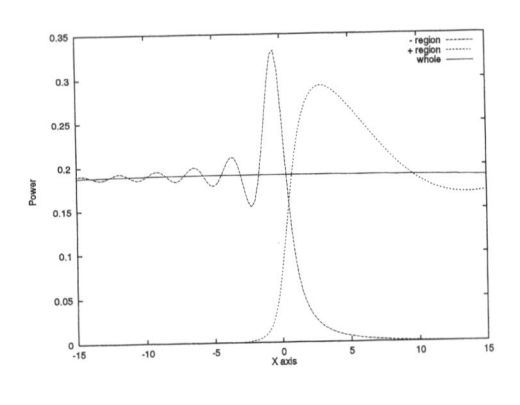

図5 エバネッセント波の回折

原理)。前述の段差のあるケースでは，異なる高さに対する2つの波の合成となり，打ち消しが不完全になるため，放射成分が残るとともに，特徴ある回折パターンが生じたのである。

2.3 パラフィンプローブによる近接場の検出

光ファイバープローブを模擬するために，パラフィン製のプローブ(直径3.75cm，長さ25cm)を作成した。先端の開き角の異なるものを数種類準備した。先端の曲率半径は1mm程度である。後端面の中央には検波ダイオードを配置し，プローブに沿って伝搬してきた波を検出した。

検波強度をプローブ先端とプリズム表面の距離 z の関数としてプロットしたのが図6である。

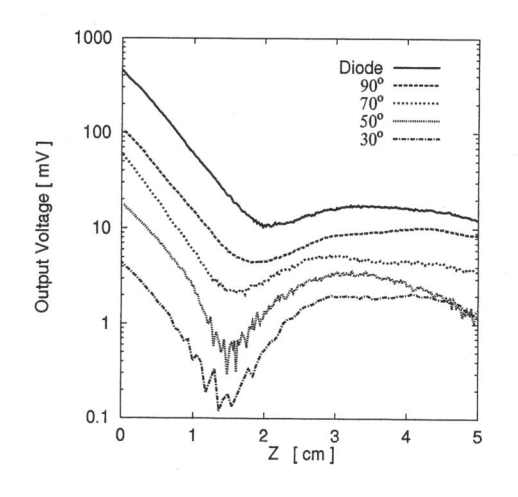

図6 プローブにより検出されたエバネッセント波

どの開き角の場合も，z が小さい場合には，ほぼ指数則にしたがっており，プローブがエバネッセント波をピックアップしていることがわかる。(比較のため，ダイオードで直接検出した場合の信号もプロットしてある。)先端の開き角が大きいほど，検出効率が高くなっている。これは，いろいろなモデル計算で得られている結果と一致している。

z が大きくなると，エバネッセント波に比べて，放射波成分の寄与が大きくなる。放射波成分は z 方向に局在していないので，プローブ開き角の影響は受けにくい。

3. おわりに

マイクロ波を用いたPSTMの模擬実験を紹介した。今後，以下のような実験を予定している:
① ダイオードによるプローブ先端近傍の場の実測
② プローブの絶対効率の測定
③ 効率の形状依存性
④ プローブ形状と分解能の関係

また，直接検波ではなく位相検波を行ない，場を位相まで測定できれば,表面における誘起分極が推定でき，理論計算との比較をより詳細に行なうことができると期待される。

(北野 正雄)

第 IV 部

応用のための参考文献集

■本参考文献集は弊社刊「近接場ナノフォトニクスハンドブック」第Ⅲ部応用編の各節で取り上げられた参考文献のみを再録したものです。
■見出は原則として「近接場ナノフォトニクス ハンドブック」掲載時の見出をそのまま残しておりますが，序論，まとめ，「おわりに」等は「全般」という名称に変えてまとめました。

凝縮系の分光計測 (1)
半導体試料測定の基本技術とその応用例
（斎木 敏治）

全般
- J. W. P. Hsu et al., Appl. Phys. Lett. **65**, 344 (1994).
- M. J. Gregor et al., Appl. Phys. Lett. **67**, 3572 (1995).
- J. Liu et al., Appl. Phys. Lett. **69**, 662 (1996).
- J. Liu et al., Appl. Phys. Lett. **69**, 3519 (1996).
- T. Saiki et al., Appl. Phys. Lett. **67**, 2191 (1995).
- R. D. Grober et al., Appl. Phys. Lett. **64**, 1421 (1994).
- H. F. Hess et al., Science **264**, 1740 (1994).
- Y. Toda et al., Appl. Phys. Lett. **69**, 827 (1996).
- T. D. Harris et al., Appl. Phys. Lett. **68**, 988 (1996).
- F. Flack et al., Phys. Rev. B **54**, 17312 (1996).

半導体試料観察のための基本技術
- T. Saiki et al., Appl. Phys. Lett. **67**, 2191 (1995).
- T. D. Harris et al., Appl. Phys. Lett. **68**, 988 (1996).
- S. I. Bozhevolnyi et al., J. Opt. Soc. B**12**, 1617 (1995).
- R. D. Grober et al., Appl. Opt. **35**, 3488 (1996).
- M. S. Ünlü et al., Appl. Phys. Lett. **67**, 1862 (1995).
- T. Saiki et al., Appl. Phys. Lett. **69**, 644 (1996).
- S. K. Buratto et al., Appl. Phys. Lett. **65**, 2654 (1994).
- G. Kolb et al., Appl. Phys. Lett. **65**, 3090 (1994).
- T. Saiki et al., Appl. Phys. Lett. **68**, 2612 (1996).
- L. Novotny et al., Ultramicroscopy **61**, 1 (1995).
- J. Takahara et al., Opt. Lett. **22**, 475 (1997).

半導体試料の測定例
- T. Saiki et al., Appl. Phys. Lett. **67**, 2191 (1995).
- T. Saiki et al., Appl. Phys. Lett. 69, 644 (1996).
- N. Saito et al., Inst. Phys. Conf. Ser. 136, 601 (1994).
- K. Nishi et al., J. Appl. Phys. 80, 3466 (1996).

凝縮系の分光計測 (2)
ラマン分光システムの構築とそのポイント
（田所 利康）

全般
- E. Anastassakis, A. Pinczuk and E. Burstein：Solid State Commun. **8** (1970) 133.
- S. Todoroki, M. Sawai and K. Aiki：J. Appl. Phys. **58** (1985) 1124.
- 河東田隆：レーザーラマン分光法による半導体の評価、東京大学出版会 (1988).
- S. Nakashima and M. Hangyo：IEEE J. Quantum Electron. **25** (1989) 965.
- 島内武彦、田隅三生、原田一誠 編：レーザーラマン分光学とその応用、南江堂 (1977).
- 濱口宏夫、平川暁子 編：ラマン分光法、学会出版センター (1988).
- P. R. Carey：ラマン分光、共立出版 (1984).
- N. E. Schlotter and J. F. Rabolt：J. Phys. Chem. **88** (1984) 2062.
- D. S. Bethune, G. Meijer, W. C. Tang and H. J. Rosen：Chem. Phys. Lett. **174** (1990) 219.
- T. Saiki, S. Mononobe and M. Ohtsu：Appl. Phys. Lett. **68** (1996) 2612.
- 物部秀二、大津元一：第44回春応用物理学会講演予稿集 (1997) 778.
- D. P. Tsai, A. Othonos and M. Moskovits：Appl. Phys. Lett. **64** (1994) 1768.
- C. L. Jahncke, M. A. Paesler and H. D. Hallen：Appl. Phys. Lett. **67** (1995) 2483.
- D. A. Smith, S. Webster, M. Ayad, S. D. Evans, D. Fogherty and D. Batchelder：Ultramicroscopy, 61 (1995) 247.
- 成田貴人、田所利康、池田照樹、斎木敏治、物部秀二、大津元一：第44回春応用物理学会講演予稿集 (1997) 886.
- 八井崇、興梠元伸、物部秀二、斎木敏治、大津元一、李明馥、筒井一生：第44回応用物理学会講演予稿集 (1997) 918.

システム概要と構築上のポイント
- J. Loader：Basic Laser Raman Spectroscopy (Heyden and Sons, London, 1970).
- T. Saiki, S. Mononobe and M. Ohtsu：Appl. Phys. Lett. **68** (1996) 2612.
- 物部秀二、大津元一：第44回春応用物理学会講演予稿集 (1997) 778.
- 落合周吉：日本赤外線学会誌、**5** (1995) 126.
- 西村善文：ぶんせき、**8** (1990) 601.

測定の実際
- R. R. Chance, G. N. Patel and J. D. Witt：J. Chem. Phys. **71** (1979) 206.
- Y. Narita, T. Tadokoro, T. Ikeda, T. Saiki, S. Mononobe and M. Ohtsu：in preparation for publication.

凝縮系の分光計測 (3)
トンネル電子ルミネッセンスによる半導体量子構造の実空間特性評価
(村下 達)

ルミネッセンス評価法
- 日本物理学界編、半導体超格子の物理と応用、(培風館、1984)、p.70.
- J.I.Pankove,"Optical processes in semiconductors", (Dover, New York, 1971).
- B. G. Yacobi and D. B. Holt: Cathodoluminescence Microscopy of Inorganic Solids(Plenum Press, New York, 1990).
- M. A. Herman, D. Bimberg, and J. Christen, J. Appl. Phys. **70**, R1 (1991).
- M. A. Paesler and P. J. Moyer:Near-Field Optics (John Wiley & Sons, New York, 1996).
- M. Ohtsu, J. Lightwave Technol. 13, 1 (1995).
- D. A. Bonnell:Scanning Tunneling Microscopy and Spectroscopy(VCH, New York, 1993).
- E. Burnstein and S. Lundqvist, "Tunneling Phenomena in Solids", (Plenum, New York, 1969).
- D. L. Abraham, A. Veider, Ch. Schonenberger, H. P. Meier, D. J. Arent, and S. F. Alvarado, Appl. Phys. Lett. **56**, 1564 (1990).
- L. Samelson, J. Lindahl, L. Montelius and M.-E. Pistol, Physica Scripta, **42**, 149 (1992).
- S. Ushioda, Y. Uehara, and M. Kuwahara, Appl. Surf. Sci. **60/61**, 448 (1992).

探針集光型トンネル電子ルミネッセンス顕微鏡
- T. Murashita, J. Vac. Sci. Technol. **B15**, 32 (1997).
- A. Jalocha, M. H. P. Moers, and N. F. van Hulst, Proc. SPIE **2535**, 38 (1995).
- T. Pangaribuan, S. Jiang, and M. Ohtsu, Scanning, **16**, 362 (1994).
- L. W. Molenkamp, A. A. M. Starring, C. W. J. Beenkker, R. Eppenga, C. E. Timmering, J. G. Williamson, C. J. P. M. Harmas, and C. T. Foxon, Phys. Rev. **B41**, 1274 (1990).
- K. Kanisawa, Private communication.
- T. Murashita, to be published in J. Electron Microsc. (1997).

凝縮系の分光計測 (4)
量子光学と近接場
(瀧口 義浩)

全般
- H. F. Hess, E. Betzig, T. D. Harris, L. N. Pfeiffer, K. W. West : Science **264**, 1740 (1994)
- Robert D. Grober, T. D. Harris, J. K. Trautman, E. Betzig, L W. Wegscheider, .N. Pfeiffer, and K.W. West : Appl. Phys. Lett. **64** (11) 1421 (1994)
- 花村榮一著「非線形量子光学」(培風館)

実験装置の構成
- 田幸敏治, 本田辰篤編「光測定機ガイド」オプトロニクス社, p.89参照
- Robert D. Grober, T. D. Harris, J. K. Trautman, and E. Betzig: Rev. Sci. Instrum. **65** (3) 626 (1994)
- 田幸敏治, 本田辰篤編「光測定機ガイド」オプトロニクス社, p.166参照
- 田幸敏治, 本田辰篤編「光測定機ガイド」オプトロニクス社, p.171参照
- 蒋曙東ら：7aZV4、第15回応用物理学会学術講演会予稿集 (1996)

実験結果
- 瀧口義浩ら, 第4回　　近接場光学研究討論会予稿集　　P.65 (1995)

赤外顕微分光への適用
(河田 聡)

全般
- T. Nakano and S. Kawata：Optik 94,159 (1993).
- 中野隆志、河田聡：分光研究 41, 377 (1992).
- T. Nakano and S. Kawata：Scanning 16,368 (1994).
- 河田聡：光学 21, 766 (1992).
- 河田聡、高岡秀行、古川祐光：分光研究 45,93(1996)

生体試料への適用(1)
近接場光学顕微鏡(NOM)による極微小生体サンプルの観測
(納谷 昌之)

全般
- M. Ohtsu, J. Lightwave Tech. 13 (1995) 1200.
- D.W. Pohl and D. Courjon, eds., Near field optics, NATO ASI series E, vol.242 (Kliwer, Dordrecht, 1993)
- E. Betzig and J. K. Trautman, Science 10 (1992), p.189.

- M. Naya, S. Mononobe, R. UmaMaheswari, T. Saiki and M. Ohtsu, *Optics Communications* **124** (1996).
- M. Naya, R. Micheretto, S. Mononobe, R. UmaMaheswari and M. Ohtsu, *Applied Optics*, vol.36, No.7 (1997), p.1681-1683.
- R. UmaMaheswari, H. Tatsumi, K. Katayama and M. Ohtsu, *Optics Communications* **120**, 325 (1995) p.325-334.

c-modeNOMによるサルモネラ菌のべん毛の観察
- M. Naya, S. Mononobe, R. UmaMaheswari, T. Saiki and M. Ohtsu, Optics Communications **124** (1996).
- M. Naya, R. Micheretto, S. Mononobe, R. UmaMaheswari and M. Ohtsu, *Applied Optics*, vol.36, No.7 (1997), p.1681-1683.
- H. Hori, Near Field Optics, NATO ASI series E, Vol.242 (Kluwer, Dordrecht, 1993) p.105.
- S. Mononobe, M. Naya, T. Saiki, M. Ohtsu, *Applied Optics,* vol.36, No.7 (1997) p.1496-1500. および、本書第2章（その1）
- S. Kato, H. Okinp, S. -I. Aizawa and S. Yamaguchi, *J. Mol.Bios.*, **219** (1991), p.471.5)

イルミネーションモード（i-mode）NOMによるニューロンの観測
- E.Betzig and J.K.Trautman,Science 10 (1992), p.189.

生体試料への適用（2）
近接場蛍光顕微鏡によるアクチン細胞骨格の水溶液中観察
（楠見 明弘、太田 里子）

全般
- Betzig, E., R. J. Chichester, F. Lanni and D. L. Taylor. 1993. Near-field fluorescence imaging of cytoskeletal actin. Bioimaging **1** : 129-135
- Betzig, E., R. J. Chichester. 1993. Single molecules observed by near-field scanning optical microscopy. Science **262**:1422-1427. 1993
- Muramatsu, H., N. Chiba, K. Homma, K. Nakagima, T. Ataka, S. Ohta, A. Kusumi, M. Fujihira. 1995. Near-field optical microscopy in liquids. Applied Physics Letters **66** : 3245-3247.

生体試料への適用（3）
生体分子における1分子イメージング・操作
（原田慶恵，柳田敏雄）

全般
- Kishino, A.&Yanagida, T.*Nature,* **334**, 74-76 (1988)
- Ishijima, A., Doi, T., Sakurada, K & Yanagida, T. *Nature,* **352**, 301-306 (1991)
- Svoboda, K., Schmidt, C. F., Schnapp, B. J. & Block, S. M. *Nature,* **365**,721-727 (1993)
- Finer, J. T., Simmons, R. M. & Spudich, J. A. *Nature,* **368**, 113-118 (1994)
- Ishijima, A., Harada, Y., Kojima, H., Funatsu, T., Higuchi, H. & Yanagida, T. *Biochem. Biophys. Res. Comm.* **199**, 1057-1063 (1994)

蛍光色素の1分子イメージング
- Funatsu, T., Harada, Y., Tokunaga, M., Saito, K. & Yanagida, T. *Nature,* **374**, 555-559 (1995)
- Harada,Y. & Yanagida, T. *Cell Motil. Cytoskel.* **10**, 71-76 (1988)
- Axelrod, D. *Meth. Cell Biol.* **30**, 245-270 (1989)

モータータンパク質の滑り運動
- Vale, R.D., Funatsu, T., Pierce, D.W., Romberg, L., Harada, Y. & Yanagida, T. *Nature,* **380**, 451-453 (1996)

1分子酵素反応のイメージング
- Funatsu, T., Harada, Y., Tokunaga, M., Saito, K. & Yanagida, T. *Nature,* **374**, 555-559 (1995)

分子モーターの化学・力学共役の同時測定
- Service, R.F. *Science,* **276**, 1027-1029(1997)

ハロゲン化銀結晶上の色素分布の観測
（納谷 昌之）

全般
- M. Ohtsu, J.Lightwave Tech. 13 (1995) 1200.
- D.W.Pohl and D.Courjon, eds., Near field optics, NATO ASI series E, vol.242 (Kliwer, Dordrecht, 1993)
- E.Betzig and J.K. Trautman, *Science* 10 (1992) p.189.
- H.Haefke,R.Steiger et.al., J.Imaging Sci. Tech.37(6) (1993) p.545-551.
- H. Saijyo et.al., J. Imaging Sci. Tech. 37 (1993) p.348-354.
- J.K.Rogers, R.Hailstone et.al., IS&T's 48th Annual Conference Proceedings (1995) p.209-211.

有機材料への適用

(木口 雅史、梶川 浩太郎)

実際の研究例

- J. Hwang, L. K. Tamm, C. Böhm, T. S. Ramalingam, E. Betzig, and M. Edidin, *Science* **270**, 610 (1995).
- D. A. Higgins, P. J. Reid, and P. F. Barbara, *J. Phys. Chem.* **100**, 1174 (1996).
- P. J. Reid, D. A. Higgins, and P. F. Barbara, *J. Phys. Chem.* **100**, 3892 (1996).
- D. A. Higgins, J. Kerimo, D. A. Vanden Bout, and P. F. Barbara, *J. Am. Chem. Soc.* **118**, 4049 (1996).
- D. A. Vanden Bout, J. Kerimo, D. A. Higgins, and P. F. Barbara, *J. Phys. Chem.* **100**, 11843 (1996).
- H. Ade, R.Toledo-Crow, M. Vaez-Iravani, and R. J. Spontak, *Langmuir* **12**, 231 (1996).
- D. A. Higgins, D. A. Vanden Bout, J. Kerimo, and P. F. Barbara, *J. Phys. Chem.* **100**, 13794 (1996).
- R. C. Davis and C. C. Williams, *Appl. Phys. Lett.* **69**, 1179 (1996).
- M. Kiguchi, M. Kato, and M. Ishibashi, *Jpn. J. Appl. Phys.* **36**, L611 (1997).
- X. S. Xie and R. C. Dunn, *Science* **265**, 361 (1994).
- W. P. Ambrose et al., *Science* **265**, 364 (1994).
- R. X. Bian, R. C. Dunn, and X. S. Xie, *Phys. Rev. Lett.* **75**, 4772 (1995).

有機系試料作製の周辺技術

- J.Hwang, L.K.Tamm, C.Böhm, T.S. Ramalingam, E. Betzig, and M. Edidin, *Science* **270**, 610 (1995).
- D. A. Higgins, P. J. Reid, and P. F. Barbara, *J. Phys. Chem.* **100**, 1174 (1996).
- P. J. Reid, D. A. Higgins, and P. F. Barbara, *J. Phys. Chem.* **100**, 3892 (1996).
- D. A. Higgins, J. Kerimo, D. A. Vanden Bout, and P. F. Barbara, *J. Am. Chem. Soc.* **118**, 4049 (1996).
- D. A. Higgins, D. A. Vanden Bout, J. Kerimo, and P. F. Barbara, *J. Phys. Chem.* **100**, 13794 (1996).
- W. P. Ambrose et al., *Science* **265**, 364 (1994).
- 福田清成、加藤貞二、中原弘雄、柴崎芳夫、「超薄分子組織膜の科学」、講談社 (1993)
- A. Ulman, *An roduction to Ultrathin Organic Films*, Academic Press, Boston (1991).
- A. Ulman, *Chem. Rev.* **96**, 1533-1554 (1996).
- 梶川浩太郎、原正彦、雀部博之、W.クノール、Molecular Electronics and Bioelectronics **7**, 2-15 (1996).
- 原正彦、玉田薫、Christian Hahn、梶川浩太郎、西田直樹、Wolfgang Knoll、雀部博之、応用物理、**64**, 1234-1243 (1995).
- A. J. Meixner, D. Zeisel, M. A. Bopp and G. Tarrach, *Opt Eng* **34**, 2324-2332 (1995).
- G. Tarrach, M. A. Bopp, D. Zeisel and A. J. Meixner, *Rev Sci Instrum.* **66**, 3569-3575 (1995).
- R. Kopelman, W. Tan and D. Birnbaum, *J. Lumin.* **58**, 380-387 (1994).
- H. Bielefeldt, I. Hoersch, G. Krausch, M. Lux-Steiner, J. Mlynek and O. Marti, *Appl. Phys. A* **59**, 103-108 (1994).
- W. Straub, F. Bruder, R. Brenn, G. Krausch, H. Bielefeldt, A. Kirsch, O. Marti, J. Mlynek and J. F. Marko, *Europhys. Lett.* **29**, 353-358 (1996).
- L. A. Nagahara and H. Tokumoto, *Thin Solid Films* **281-282**, 647-650 (1996).
- P. K. Wei, J. H. Hsu, B. R. Hsieh and W. S. Fann, *Adv. Mater.* **8**, 573-576 (1996).
- R. L. Williamson and M. J. Miles, *J. Vac. Sci. Technol B* **14**, 809-811 (1996).
- C. Duschl, W. Fley and W. Knoll, *Thin Solid Films* **160**, 251-255 (1988).
- W. Knoll and J. J. Coufal, *Thin Solid Films* **160**, 333-339 (1988).
- K. Saito, K. Ikegami, S. Kuroda, Y. Tabe and M. Sugi, *Jpn. J. Appl. Phys.* **30**, 1836-1840 (1991).
- S. Kirstein and H. Möwald, *Chem. Phys. Lett.* **189**, 408-413 (1992).
- E. Ando, K. Moriyama, K. Arita and K. Morimoto, *Langmuir* **6**, 1451-1454 (1990).
- A. Miyata, Y. Unuma and Y. Higashigaki, *Bull. Chem. Soc. Jpn.* **64**, 1719-1725 (1991).
- K. Kajikawa, T. Anzai, H. Takezoe and A. Fukuda, *Thin Solid Films* **243**, 587-591 (1994).
- K. Kajikawa, M. Hara, H. Sasabe and W. Knoll, Colloid and Surfaces A in press.
- A. Jalocha and N. F. Vanhulst, *Opt Commun* **119**, 17-22 (1995).
- M. Fujihira, H. Monobe, H. Muramatsu and T. Ataka, *Ultramicroscopy* **57**, 176-179 (1995).
- 桑野博喜、「ナノエレクトロニクスを支える材料解析」尾嶋正治、本間共和編、日本電子通信情報学会 (1996), p230-240.
- H. Wolf, H. Ringsdorf, E. Delamarche, T. Takami, H. Kang, B. Michel, Ch. Gerber, M. Jaschke, H. -J. Butt and E. Bamberg, *J. Phys. Chem.* **99**, 7102-7107 (1995).
- Y.-Q. Wang, H.-Z. Yu, J.-Z. Cheng, J.-W. Zhao, S.-M. Cai and Z.-F. Liu, *Langmuir* **12**, 5466-5471 (1996).
- 坪井一真、浜田直樹、梶川浩太郎、石井久夫、大内

幸雄，関一彦，藤田克彦，原正彦，雀部博之，クノール・ウルフガング，第44回応用物理学関係連合講演会，29p-NG-10, p1135 (1966).
- 浜田直樹，坪井一真，梶川浩太郎，石井久夫，大内幸雄，関一彦，第44回応用物理学関係連合講演会，29p-NG-11, p1135 (1966).
- C. S. Dulcey, J. H. Georger, V. Krauthamer, T. L. Fare, D. A. Stenger and J. M. Calvert, *Science* **252**, 551-555 (1991).
- O. S. Nakagawa, S. Ashok, C. W. Sheen, J. Martensson and D. L. Allara, *Jpn. J. Appl. Phys.* **30**, 3759-3762 (1991).
- H. Ohno, M. Motomatsu, W. Mizutani and H. Tokumoto, *Jpn. J. Appl. Phys.* **34**, 1381-1386 (1995).
- G. Decher, J. D. Hong and J. Schmitt, *Thin Solid Films* **210-211**, 831-835 (1992).
- 有賀克彦，Yuri Lvov，恩田光彦，国武豊喜，*Molecular Electronics and Bioelectronics* **7**, 207-218 (1996).

光記録・加工 (1)
金属プローブ
（井上 康志）

金属プローブによる電場の増強
- J. Jersch and K. Dickmann, *Appl. Phys. Lett.*, 68, 868-870 (1996).
- 藤田，波多野，古川，井上，河田，第57回応用物理学会学術講演会講演予稿集，775 (1996).
- J. Wessel, *J. Opt. Soc. Am. B*, 2, 1538-1540 (1985).
- W. Denak and D. W. Pohl, *J. Vac. Sci. Technol. B*, 9, 510-513 (1991).
- O. J. F. Martin and C. Girard, *Appl. Phys. Lett.*, 70, 705-707 (1997).

加工
- J. Jersch and K. Dickmann, *Appl. Phys. Lett.*, 68, 868-870 (1996).

光記録・加工(2)
近接場光ストレージ技術
（新谷 俊通，保坂 純男）

SILを用いた光記録
- S. M. Mansfield and G. S. Kino, *Appl. Phys. Lett.* **57**, 2615 (1990)
- B. D. Terris, H. J. Mamin, D. Rugar, W. R. Studenmund and G. S. Kino, *Appl. Phys. Lett.* **65**, 388 (1994)

SNOMの光記録応用の研究
- E. Betzig, J. K. Trautman, R. Wolfe, E. M. Gyorgy, P. L. Finn, M. H. Kryder and C. -H. Chang, *Appl. Phys. Lett.* **61**, 142 (1992)
- 寺尾，太田，堀籠，尾島，光メモリの基礎，p.70，コロナ社 (1990)
- T.Shintani, K.Nakamura, S.Hosaka, A. Hirotsune, M. Terao, R. Imura, K. Fujita, M. Yoshida, S. Kämmer, *Ultramicroscopy* **61**, 285 (1995)
- S. Hosaka, T. Shintani, M. Miyamoto, A. Kikukawa, A. Hirotsune, M. Terao, M. Yoshida, K. Fujita, S. Kämmer, *J. Appl. Phys.* **79**, 8082 (1996)
- M. Miyamoto, T. Shintani, S. Hosaka and R. Imura, *Jpn. J. Appl. Phys.* **35**, L584 (1996)
- J. Nakamura, M. Miyamoto, S. Hosaka and H. Koyanagi, *J. Appl. Phys.* **77**, 779 (1995)

ファイバレーザによる高S/N達成方法
- E. Betzig, S. G. Grubb, R. J. Chichester, D. J. DiGiovanni and J. S. Weiner, *Appl. Phys. Lett.* **63**, 3550 (1993)

光記録・加工(3)
近接場露光
（中島 邦雄，村松 宏，光岡 靖幸，本間 克則，山本 典孝，千葉 徳男）

近視野光加工の例
- E. Betzig and K. Trautman, *SCIENCE*, 257 (1992) 189.
- I. I. Smolyaninov, D. Mazzoni and C. C. Davis, *Appl. Phys. Lett.* 67 (1995) 3859.
- K. Lieberman, A. Ignatov, H. Bar-Nahor, Y. Grebnev, H. Terkel and A. Lewis, Near Field Optics-4, Jerusalem, February 9-13, 1997, p.65.
- S. Madsen, M. Müllenborn, K. Birkelund, J. M. Hvam and F. Grey, Near Field Optics-4, Jerusalem, February 9-13, 1997, p.66.
- 松本拓也，大津元一，近接場光学研究グループ第二回研究討論会予稿集，1994，p.42-47.

走査型近視野原子間力顕微鏡(SNOM /AFM)による近視野光加工
- K. Nakajima, H. Muramatsu, N. Chiba and T. Ataka, *Thin Solid Films*, 273 (1996) 327.
- K. Nakajima, Y. Mitsuoka, N. Chiba, H. Muramatsu

and T. Ataka, SPIE, 2535 (1995) 16.
- 光岡靖幸、中島邦雄、本間克則、千葉徳男、村松宏、安宅達明、近接場光学研究グループ第五回研究討論会予稿集、1996、p.71-75.
- セイコーインスツルメンツ(株)カタログ

有機光記録材料

(入江 正浩、柳 裕之)

高密度記録における，フォトンモードの記録材料の必要性
- M. Irie (ed) : Photo-reactive Materials for Ultrahigh Density Optical Memory (Elsevier, Amsterdam, 1994).
- E. Betzig, J. K. Trautman, R. Wolfe, E. M. Gyorgy, P. L. Finn, M. H. Kryder, C.-H. Chang, Appl. Phys. Lett., 61, 142 (1992).

フォトクロミック分子材料
- Y. Hirshberg, J. Am. Chem. Soc., 78, 2304 (1956).
- M. Hanazawa, R. Sumiya, Y. Horikawa and M. Irie, J. Chem. Soc. Chem. Commun., 206 (1992).
- S. Nakamura and M. Irie, J. Org. Chem., 53, 803 (1989).
- 原田俊雄、立園史生、辻岡 強、黒木和彦、入江正浩、高分子学会予稿集、43, 797 (1994).

フォトクロミック薄膜の作製方法
- 谷口彬雄 編、有機エレクトロニクス材料、サイエンスフォーラム、166 (1986).
- E. Meyer el. al., Thin Solid Films, 220, 132-137 (1992).
- S. Abe, A. Sugai, I. Yamazaki and M. Irie, Chem. Lett., 69 (1995).
- 特公昭61-40709
- 特公平5-79108
- M. Ashida, Bull. Chem. Soc. Jpn., 39, 2625 (1966).

近接場光メモリーの実現
- M. Hamano and M. Irie, Jpn. J. Appl., 35, 1764 (1996).
- M. Hanazawa, R. Sumiya, Y. Horkawa and M. Irie, J. Chem. Comm., 206 (1992).
- M. Irie, K. Uchida, T. Eriguchi and H. Tsuzuki, Chem. Lett., 899 (1995).

分子1個を記録単位とする光記録の可能性
- R.Kopelman and W.Tan, Science, 262, 1382 (1993).

表面プラズモンとの接点 (1)
表面プラズモンを利用する近接場光学顕微鏡

(中村 收)

表面プラズモンとは？
- H. Raether: Surface plasmons on smooth and rough surfaces and on gratings, Springer-Verlag Berlin (1988)
- 福井満寿夫，原口雅宣: 全反射減衰法による薄膜・表面物性の評価、日本物理学会誌、43-11, 862/868 (1988)
- B. Liedberg, C. Nylander and I. Lundstrom: Surface plasmon resonancefor gas detection and biosensing, Sens. Actuators, 4-2, 299/304 (1983)
- S. Löfå and Bo Johnsson: A novel hydrogel matrix on gold surfaces in surface plasmon resonance sensor s for fast and efficient covalent immobilization of ligands, J. Chem. Soc., Chem. Commun. 21, 1526/1528 (1990)
- X. Sun, S. Shiokawa, and Y. Matsui, Experimental studies on biosensing by SPR, Jpn. J. Appl. Phys., 28-9, 1725/1727 (1989)
- 社団法人農林水産先端技術産業振興センター バイオセンサー事業部会: 平成7年度研究成果報告書 (未公開) (1996)
- S. J. Elston and J. R. Sambles: Surface plasmon-polaritons on an anisotropic substrate, J. Mod. Opt. 37-12, 1895/1902 (1990)
- B. Rothenhaeusler, C. Duschl, and W. Knoll: Plasmon surface polariton fields for the characterization of thin films, Thin Solid Film, 159, 323/330 (1988)
- B. Rothenhaeusler, and W. Knoll: Surface-plasmon microscopy, Nature, 332-6165, 615/617 (1988)
- M. E. Caldwell and E. M. Yeatman: Surface-plasmon spatial light modulators based on liquid crystal, Appl. Opt., 31-20, 3880/3891 (1992)
- 河田 聰: 表面プラズモンセンサー、O plus E, 112, 133/139 (1989)
- 河田 聰, 高木 俊夫: 表面プラズモン共鳴センサとは, 蛋白質核酸酵素、37-15, 3005/3011 (1992)
- M. Moskovits: Surface Roughness and the Enhanced Intensity of RamanScattering by Molecules adsorbed on Metals, J. Chem. Phys. 69-9, 4159/4160(1978).
- Rauf Dornhaus, Robert E. Benner and Richard K. Chang: Surface Plasmon Contribution to SERS, Surface Science, 101, 367/373 (1980).
- C. Y. Chen, I. Davoli, G. Ritchie and E. Burstein:

Giant Raman scattering and luminescence by molecules adsorbed on Ag and Au metal island films, Surface Science, **101**, 363/366 (1980).
- A. Hartstein, J. R. Kirtley and J. C. Tsang: Enhancement of the infrared absorption from molecular monolayers with thin metal overlayers, Phys.Rev. Lett. **45-3**, 201/203 (1980).
- A. Hatta, T. Ohshima, and W. Suetaka: Observation of the Enhanced Infrared Absorption of p-Nitrobenzoate on Ag Island Films with an ATR Technique, Appl. Phys. A, **29**, 71/75 (1982).
- M. Osawa, M. Kuramitsu, A. Hatta, W. Suetaka: Electromagnetic Effectin Enhanced Infrared Absorption of Adsorbed Molecules on Thin Metal Films, Surface Science, **175**, L787/L793 (1986).
- T. Kume, S. Hayashi, H. Ohkuma and K. Yamamoto: Enhancement of Photoelectric Conversion Efficiency in Copper Phthalocyanine Solar Cell: White Light Excitation of Surface Plasmon Polaritons, Jpn. J. Appl. Phys., **34-12A**, 6448/6451 (1995)
- 河田 聡: ニアフィールド・ナノ光学, パリティ, vol.**12**, No.**05**, pp. 23-29(1997)
- Y. Inouye and S. Kawata: A scanning near-field optical microscope having scanning electron tunneling microscope capability using a single metallic probe tip, J. Microscopy **178-1**, 14/19, (1995)

伝搬型表面プラズモンとニアフィールド光学顕微鏡

- 河田 聡,日本分光学会顕微分光部会表面プラズモンセミナー－基礎と応用－, 講演要旨集, **1** (1996).
- R. Berndt, J. K. Gimzewski, and P. Johansson, *Phys. Rev. Lett.* **67**, 3796(1991).
- M. Roecker, W. Knoll, and J. P. Rabe, *J. Appl. Phys.***72**, 5027(1992).
- M. Specht, J. D. Pedarning, W. M. Heckl, and T. W. Hansch, *Phys. Rev. Lett.* **68**,476(1992).
- Y-K. Kim, P. M. Lundquist, J. A. Helfrich, J. M. Mikrut, G. K. Wong,P. R. Auvil, and J. B. Ketterson, *Appl.Phys.Lett.***66**,3407(1995).
- R. B. G. de Hollander, N. F. van Hulst, and R. P. H. Kooyman, Ultramicroscopy **57**,263(1995).
- B. Hecht, H. Bielfeldt, L. Novotny, Y. Inouye, and D. W. Pohl, *Phys. Rev. Lett.* **77**, 1889(1996).

局所型表面プラズモンとニアフィールド光学顕微鏡

- Y. Inouye and S. Kawata: A scanning near-field optical microscope having scanning electron tunneling microscope capability using a single metallic probe tip, J. Microscopy **178-1**, 14/19, (1995)
- U. Fischer and D. W. Pohl, *Phys. Rev. Lett.* **62**,458(1989).
- Y. Inouye and S. Kawata, *Opt. Lett.***19**, 159 (1994).
- Y. Inouye and S. Kawata: Reflection-mode near-field optical microscope with a metallic probe tip for observing fine structures in semiconductormaterials, Opt. Commun., **134-6**, 31/35 (1996).
- W. Denk and D. W. Pohl, J. Vac. Sci. Technol.**B-9**, 510(1991).
- J. Jersch and K. Dickmann, *Appl. Phys. Lett.* **68**,868(1996).
- T. Sugiura, T. Okada, Y. Inouye, O. Nakamura, and S. Kawata, Optics Letters (Submitted).
- Y. Uehara, S. Ohyama, K. Ito and S. Ushioda: Optical Observation ofSingle -Electron Charging Effect at Room Temperature, *Jpn. J. Appl. Phys.*, **35-2A,** L167/L170 (1996)

今後の展開

- Y. Inouye and S. Kawata: A scanning near-field optical microscope having scanning electron tunneling microscope capability using a single metallic probe tip, J. Microscopy **178-1**, 14/19, (1995)
- Y. Inouye and S. Kawata, *Opt. Lett.***19**, 159 (1994).
- Y. Inouye and S. Kawata: Reflection-mode near-field optical microscope with a metallic probe tip for observing fine structures in semiconductormaterials, Opt. Commun., **134-6**, 31/35 (1996).
- T. Sugiura, T. Okada, Y. Inouye, O. Nakamura, and S. Kawata, Optics Letters (Submitted).
- 波多野洋, 松川真治, 河田 聡, 散乱型NSOMにおけるシアフォースフィードバック機構による距離制御, 第5回近接場光学研究会, 講演論文集, pp.18-23 (1996).
- O. Nakamura and T. Okada, Optik100, 167(1995).
- 中村 收,ステファン・ヘル,近赤外の非線形分光:近赤外で可視を見る,計測と制御, vol.36, No.5, 330-335(1997)
- 中村 收, 非線形光学現象を利用したレーザー顕微鏡, レーザー研究, Vol.24, No. 10, pp. 1059-1067 (1996).
- H. Kano and S.Kawata, *Opt. Lett.* **21**,1848(1996).
- O. Nakamura, H. Kano, and T. Okada, Surface plasmon resonance for two-photon fluorescence spectroscopy, JRCAT International Symposium on AtomTechnology, Extended Abstracts, pp. 273-276 (1996).

- 加野,井上,古川,河田,第43回応用物理学会春季連合講演会,講演要旨集, p.886 (1996).
- 藤田,井上, W. Bacsa*, 河田, ニアフィールド蛍光顕微鏡のための局所電場増強励起法,第44回春季応用物理学会講演予稿集（1997）

表面プラズモンとの接点（2）
微小金属球を用いた近接場顕微鏡
（岡本隆之）

全般
- H. Raether, Surface plasmons on smooth and rough surfaces and on grating, (Springer-Verlag, Berlin, 1988).
- J. Wessel, Surface-enhanced optical microscopy, J. Opt. Soc. Am. **B2**, 1538 (1985).
- U. Ch. Fischer and D. W. Pohl, Observation of single-particle plasmon by near-field optical microscopy, Phys. Rev. Lett. **62**, 458-561 (1989).

局所的表面プラズモン共鳴による場の増大
- H. Raether, Surface plasmons on smooth and rough surfaces and on grating, (Springer-Verlag, Berlin, 1988).
- J. Wessel, Surface-enhanced optical microscopy, J. Opt. Soc. Am. **B2**, 1538 (1985).

局所的表面プラズモン共鳴の金属球と基板との距離依存性
- T. Saiki, M. Ohtsu, K. Jang, and W. Jhe, Direct observation of size-dependent features of the optical near field on a subwavelength spherical surface, Opt.Lett. **21**, 674 (1996).
- R. Ruppin, Surface modes and optical absorption of a small sphere above a substrate, Surf. Sci. **127**, 108-118 (1983).

結合プラズモンモードを用いた近接場顕微鏡
- H. Raether, Surface plasmons on smooth and rough surfaces and on grating. (Springer-Verlag, Berlin, 1988).
- U. Ch. Fischer and D. W. Pohl, Observation of single-particle plasmon by near-field optical microscopy, Phys. Rev. Lett. **62**, 458-561 (1989).
- 岡本、山口、表面プラズモン顕微鏡とローカルプラズモン顕微鏡,光学**21**, 793-794 (1992).
- T. Kume, N. Nakagawa, S. Hayashi, and K. Yamamoto, Interaction between localized and propagating surface plasmons:Ag fine particles on Alsurface, Solid State Commun. **93**, 171-175 (1995).

窒化ケイ素カンチレバーに取り付けた金属球をプローブとした近接場顕微鏡
- T.Okamoto and I. Yamaguchi, Near-field scanning optical microscope using a gold particle, Jpn. J. Appl. Phys. **36**, L166-L169 (1997).
- Y. Inouye and S. Kawata, Near-field scanning optical microscope with a metallic probe tip, Opt. Lett. **19** 159 (1994).
- K. Svoboda, and S. M. Block, Optical trapping of metallic Rayleigh particles, Opt. Lett. **19**, 930 (1994).
- S. Sato, Y. Harada, and Y. Waseda, Optical trapping of microscopic metal particles,Opt. Lett. **19**, 1807 (1994).

表面プラズモンとの接点(3)
近接場光学顕微鏡と表面プラズモン顕微鏡の両立
（梶川浩太郎）

全反射減衰法における表面プラズモン
- W. Knoll, MRS Bulletin, **16**, 29 (1991).
- W. Knoll, Makromol. Chem., **192**, 2827 (1991).
- B. Rothenhäusler and W. Knoll, Nature, **332**, 615 (1988).

表面プラズモン顕微鏡
- B. Rothenhäusler and W. Knoll, Nature, **332**, 615 (1988).
- B. Rothenhäusler and W. Knoll, J. Opt. Soc. Am. B, **5**, 1401 (1988).
- P. Dawson, F. de Fornel and J-P. Goudonnet, Phys. Rev. Lett., **72**, 2927 (1994).
- 梶川浩太郎、原正彦、雀部博之、W. クノール、近接場光学研究グループ第2回研究討論会予稿集、7 (1994).
- M. Specht, J. D. Pedarnig, W. M. Heckl and T. W. Hänsch, Phys. Rev. Lett., **68**, 476 (1992).
- Y-K. Kim, P. M. Lundquist, J. A. Helfrich, J. M. Mikrut, G. K. Wong, P. R. Auvil and J. B. Ketterson, Appl. Phys. Lett., **66**, 3407 (1995).

表面プラズモンの問題点
- J. B. Schlenoff, M. Li and H. Ly, J. Am. Chem. Soc., **117**, 12528 (1995).
- P. Wagner, M. Hegner, H-J. Güntherodt and G. Semenza, Langmuir, **11**, 3867 (1995).

- J. V. Barth, H. Brune, G. Ertl and R. J. Behm, Phys. Rev. B. **42**, 9307 (1990).
- M. Hara, H. Sasabe and W. Knoll, Thin Solid Films, **273**, 66 (1996).

電子ビーム工学への応用
（裴　鐘石・水野　皓司）

全般
- 牧本利夫、松尾幸人、マイクロ波工学の基礎、廣川書店、第11章、p.291.
- K. Mizuno and S. Ono, in *Infrared and Millimeter Waves*, ed. K. J. Button (Acadimic Press, Inc., 1979), Vol.**1**, Chap.5, p.213.
- H. Schwarz and H. Hora, Modulation of an Electron Wave by a Light Wave, *Appl. Phys. Lett.*, vol.**15**, No.11, pp.349-351, 1969.
- C. A. Spindt, I. Brodie, L. Humphrey and E. R. Westerberg, Physical properties of thin-film field emission cathodes with molybdenum cones, *J. Appl. Phys.*, Vol.**47**, No.12, pp.5248-5263, 1976.
- 江差正喜、南和幸、マイクロマシンのための三次元微細加工技術、応用物理、Vol.**63**, No.1, pp.45-48, 1994.
- J. Bae, S. Okuyama, T. Akizuki, and K. Mizuno, Electron energy modulation with laser light using a small gap circuit -A theoretical consideration-, *Nuclear Instrum. & Methods in Phys. Research* A 331, pp.509-512, 1993.

微小金属スリットを用いた近接場
―電子相互作用―
- D. Marcuse, in *Engineering Quantum electrodynamics*, ed. G. Wade (Harcout Brace Jovanovich, New York, 1970) p.125.
- K. Mizuno, J. Bae, T. Nozokido, and K. Furuya, Experimental evidence of the inverse Smith-Purcell effect, *Nature*, vol.**328**, No.6125, pp.45-47, 1987.
- J. Bae, H. Shirai, T. Nishida, T. Nozokido, K. Furuya, and K. Mizuno, Experimental verification of the theory on the inverse Smith-Purcell effect at a submillimeter wavelength, *Appl. Phys. Lett.*, vol.**61**, No.7, pp.870-872, 1992.

尾根型金属スリット回路の試作
- 裴　鐘石、岡本達哉、石川亮、水野皓司、極微小金属スリットを用いた光波帯近接場と電子との相互作用、信学技法、Vol.**ED96-134**, pp.41-46, 1996.

力学的作用の応用(1)
概説および誘電体
（河田 聡）

フォトンのもつ力
- S. Kawata and T. Sugiura, Movement og micrometer-sized particles in the evanescent field of a laser beam, Opt. Lett., 17, 772-774 (1992)
- Y. Inouye and S. Kawata, Near-field scanning optical microscope with a metallic probe tip, Opt. Lett., 19, 159-161 (1994)
- 河田 聡、ニアフィールド顕微鏡の光学、光学、21, 766-779 (1992)
- 河田 聡、近接場と微粒子マニピレーション技術、OPTRONICS, 156, 104-109(1994)

誘電体基板上のフィルムの浮上
- V. I. Balykin, V. S. Letokhov, Y. B. Ovchinnikov and A. I. Sidorov, Quantum-State-Selective Mirror Reflection of Atoms by Laser Light, Phys. Rev. Lett., 60, 2137-2140 (1988)
- R. J. Cook and R. K. Hill, An Electromagnetic Mirror for Neutral Atoms, Opt. Comm., 43, 258-260 (1982)
- T. Sugiura and S. Kawata, Photon-pressure exertion on thin film and small particles in the evanescent field, Bioimaging, 1, 1-5 (1993)
- 杉浦 忠男、河田 聡：光学 23, 191 (1994)

チャンネル導波路上の粒子
- S. Kawata and T. Tani, Optically driven Mie particles in an evanescent field along a channeled waveguide, Opt. Lett., 21, 1768-1770 (1996).
- 河田 聡、エバネッセントフォトンを用いた微粒子の運動制御、応用物理、Vo l.64, No.12, pp.1211-1215 (1995).

複数の粒子の運動
- S. Kawata and T. Tani, Optically driven Mie particles in an evanescent field along a channeled waveguide, Opt. Lett., 21, 1768-1770 (1996).
- 河田 聡、エバネッセントフォトンを用いた微粒子の運動制御、応用物理、Vol.64, No.12, pp.1211-1215 (1995).

力学的作用の応用(2)
表 面
（菅原 康弘）

力によるエバネッセント光の検出原理
- J.Metz, M.Hipp, J.Mlynek and O.Marti, *Appl.Phys.Lett.*, **64** (1994) 2338.

探針に働く力勾配の高感度検出法
- T.R.Albrecht, P.Grütter, D.Horne, D.Rugar : *J.Appl.Phys*, **69** (1991) 668.
- H.Ueyama, M.Ohta, Y.Sugawara and S.Morita, *Jpn.J.Appl.Phys*, **34** (1995) L1086.
- Y.Sugawara, M.Ohta, H.Ueyama and S.Morita, *Science* **270** (1995) 1646.
- M.Abe, T.Uchihashi, M.Ohta, H.Ueyama, Y.Sugawara and S.Morita, *Opt.Rev.*, **4** (1997) 232.

表面光起電力のモデルの検証
- M.Abe, T.Uchihashi, M.Ohta, H.Ueyama, Y.Sugawara and S.Morita, J.Vac.Sci.Technol.B (1997) (In Press).

入射光偏光依存性の測定
- M.Abe, T.Uchihashi, M.Ohta, H.Ueyama, Y.Sugawara and S.Morita, *Opt.Rev.*, **4** (1997) 232.

力学的作用の応用(3)
原子
（大津 元一，伊藤 治彦）

概要
- S. Chu and C. Wieman, eds., Special issue, *J. Opt. Soc. Am.* B, **6**, 2020-2278 (1989)
- R. W. McGowan, D. M. Giltner and S. A. Lee, *Opt. Lett.*, **20**, 2535-2537 (1995)

実験の現状
- H. Ito, T. Nakata, K. Sakaki, M. Ohtsu, K. I. Lee and W. Jhe, *Phys. Rev. Lett.*, **76**, 4500-4503 (1996)
- 伊藤治彦、大津元一、現代化学、49-55 （1997年2月）

今後の展開の可能性
- 大津元一、第51回応用物理学会学術講演会、予稿集、東京、1990、p.800、講演番号27aL9
- M. Ohtsu, S. Jiang, T. Pangaribuan and M. Kozuma, *Proc. Workshop on Near Field Optics*, Oct. 1992, Besancon, France, paper number 5
- S. Sayama and M. Ohtsu, Opt. *Commun.*, **137** 295-298 (1997)

索 引

【A～Z】

ACモード ……………………………… 87
AFM …………………………………… 97
AFM方式 ……………………………… 97
AFM（C-AFM） ……………………… 98
AFMのカンチレバー …………………… 6
cantilever:片持ち梁 …………………… 86
DCモード ……………………………… 87
DFM …………………………………… 98
FDTD法 ……………………………… 37
HE11モード …………………………… 30
Image SXM ………………………… 112
Kirchhoffの回折理論 …………………… 9
Maxwell電磁方程式 …………………… 37
Maxwellの境界条件 …………………… 49
Molecular Exiton Microscopy ……… 6
Mie粒子 ………………………………… 7
MSR …………………………………… 6
Multiple Multipole法 ………………… 5
NSOM ………………………………… 3
PI制御系 ……………………………… 101
photocantilever ……………………… 81
p-n接合 ……………………………… 82
Pohl …………………………………… 6
PSTM …………………………… 98, 114
PVC膜 ………………………………… 94
P偏光 ………………………………… 32
Q値 …………………………………… 77
Schrödinger方程式 …………………… 40
Shear Force ………………………… 97
Shear force方式 ……………………… 97
SNOM ………………………………… 3
STM ………………………………… 3, 65
Synge …………………………………… 3
S偏光 ………………………………… 31
TiO_2粉末 …………………………… 73
TM波 ………………………………… 32
whispering gallery resonance ……… 72

【ア行】

アーティファクト ………………… 65, 40
アキシコン回折格子 …………………… 6
アクティブ除振 ……………………… 104
アッベの回折理論 …………………… 13
圧電検出プローブ …………………… 100
圧電素子の非線形性 ………………… 104
アパーチャレス型NSOM ……………… 81
暗視野観察法 ………………………… 13
暗視野照明法 ………………………… 62
イオノフォア ………………………… 95
イオンセンサー ……………………… 95
1次微分フィルタ …………………… 111
一定距離 ……………………………… 38
一定高度 ……………………………… 38
イルミネーションモード ……………… 12
エキシトン …………………………… 6
エッチング法 ………………………… 76
エバネセント波 ……………… 7, 30, 114
エバネッセント ……………………… 61
エバネッセント波（場）顕微鏡 ……… 8
エバネッセントフォトン ……………… 3
エバネッセント光制御 ……………… 98
円筒形プローブ ……………………… 34

【カ行】

開口プローブ ………………………… 87
回折限界 ……………………………… 28
回折効果 …………………………… 116
化学センサープローブ ……………… 93
傾き補正 …………………………… 109
緩衝フッ酸溶液 ……………………… 56
慣性駆動方式 ……………………… 105
カンチレバー ……………… 61, 81, 86
カンチレバープローブ ……………… 86
画像歪み補正 ……………………… 108
機能性材料 …………………………… 94
キャピラリプローブ ………………… 74

索　引

共振球プローブ ･････････････････････ 72
共振周波数 ･････････････････････････ 77
共振特性 ･･･････････････････････････ 78
共振のQ値 ･････････････････････････ 72
近距離電磁相互作用 ･････････････････ 56
近距離の電磁相互作用 ･･･････････････ 3
近接場光 ･･･････････････････････････ 15
近接場条件 ･････････････････････････ 48
近接場光メモリ ･････････････････････ 6
近接場フォトニクスの研究 ･･･････････ 3
金属スタック方式除振装置 ･･･････････ 103
金属探針 ･･･････････････････････････ 6
金属表面（表面プラズモンポラリトン） ･ 8
金属プローブ ･･･････････････････････ 61
逆問題 ･････････････････････････････ 37
空間周波数フィルタリング ･･･････････ 110
空間バンドパスフィルタリング ･･･････ 39
グリーン関数 ･･･････････････････････ 42
原子間力顕微鏡 ･････････････････････ 81
原子間力顕微鏡方式 ･････････････････ 74
原子ミラー ･････････････････････････ 7
高空間分解能 ･･･････････････････････ 67
光軸調整機構 ･･･････････････････････ 105
高次の回折光 ･･･････････････････････ 64
固体浸(Solid Immersion)レンズ ･･････ 6
古典電磁界理論 ･････････････････････ 30
コレクションモード ･････････････････ 12
コンタクト（スタティック）モード ･･･ 98
コントラスト ･･･････････････････････ 63

【サ行】

錯体 ･･･････････････････････････････ 95
散乱，導波問題 ･････････････････････ 30
散乱 ･･･････････････････････････････ 61
散乱プローブ ･･･････････････････････ 87
散乱型ニアフィールド光学顕微鏡 ･････ 61
シアフォース ･･･････････････････････ 97
射影効果 ･･･････････････････････････ 50
集積化プローブ ･････････････････････ 81
収束イオンビーム ･･･････････････････ 59

（準静的）描像法 ･･･････････････････ 5
シングルモードファイバー ･･･････････ 75
磁気双極子 ･････････････････････････ 10
自己組織化 ･････････････････････････ 16
自己無撞着な手法 ･･･････････････････ 37
自己無撞着法 ･･･････････････････････ 41
順問題 ･････････････････････････････ 37
磁流密度 ･･･････････････････････････ 49
水晶振動子 ･････････････････････････ 100
垂直偏波 ･･･････････････････････････ 32
水平偏波 ･･･････････････････････････ 31
スリム化多機能プローブの作成プロセス ･ 77
スループット ･･･････････････････････ 92
寸法依存局在 ･･･････････････････････ 55
セルフコンシステント ･･･････････････ 5
センサー ･･･････････････････････････ 93
選択化学エッチング ･････････････････ 56
全反射プリズム ･････････････････････ 8
双極子による輻射場 ･････････････････ 43
走査トンネル顕微鏡 ･････････････････ 3, 16
双対的Ampereの法則 ･･･････････････ 49
相変化型 ･･･････････････････････････ 6
粗動アプローチ機構 ･････････････････ 105
増強効果 ･･･････････････････････････ 63

【タ行】

縦分解能 ･･･････････････････････････ 69
ダイナミックモードAFM ････････････ 98
窒化シリコンプローブ ･･･････････････ 74
テトラチップ ･･･････････････････････ 89
電気双極子 ･････････････････････････ 10
伝達率Z ････････････････････････････ 102
電場増強効果 ･･･････････････････････ 62
電場の局在 ･････････････････････････ 65
伝播 ･･･････････････････････････････ 41
伝搬モード ･････････････････････････ 90
電流注入発光 ･･･････････････････････ 92
特性方程式 ･････････････････････････ 32
導波モード ･････････････････････････ 12, 30
導波路形成プローブ ･････････････････ 74

【ナ行】

- ナノ・フォトニクス ・・・・・・・・・・・・・・・・・・・・15
- ニアフィールド蛍光励起法 ・・・・・・・・・・・・65
- ニアフィールド光学顕微鏡 ・・・・・・・・・・・・3
- 2相エッチング法 ・・・・・・・・・・・・・・・・・・・・76
- 日本光学会・近接場光学研究グループ ・・・19
- 熱引き法 ・・・・・・・・・・・・・・・・・・・・・・・・・・76
- 濃淡画像処理 ・・・・・・・・・・・・・・・・・・・・・108

【ハ行】

- 反射型 ・・・・・・・・・・・・・・・・・・・・・・・・・・・・67
- 反射微分干渉光学系 ・・・・・・・・・・・・・・・・13
- 半導体プローブ ・・・・・・・・・・・・・・・・・・・・62
- バネ吊り方式除振装置 ・・・・・・・・・・・・・103
- バネ定数 ・・・・・・・・・・・・・・・・・・・・・・・・・・77
- 場のイメージング ・・・・・・・・・・・・・・・・・・65
- バビネの原理 ・・・・・・・・・・・・・・・・・・・・・116
- 光ファイバープローブ ・・・・・・・・・・・・・・74
- 光近接場 ・・・・・・・・・・・・・・・・・・・・・・・・・・41
- 光磁気材料 ・・・・・・・・・・・・・・・・・・・・・・・・・6
- 光てこ法 ・・・・・・・・・・・・・・・・・・・・・・・・・101
- 光と物質の相互作用 ・・・・・・・・・・・・・・・・41
- 光ファイバ ・・・・・・・・・・・・・・・・・・・・6, 30
- 光メス ・・・・・・・・・・・・・・・・・・・・・・・・・・・・17
- ヒステリシス補正 ・・・・・・・・・・・・・・・・・108
- ヒストグラムイコライゼーション ・・・・・110
- 非伝搬光 ・・・・・・・・・・・・・・・・・・・・・・・・・・55
- 表面プラズモンセンサー ・・・・・・・・・・・・・7
- 微細回折格子 ・・・・・・・・・・・・・・・・・・・・・・8
- 微小開口 ・・・・・・・・・・・・・・・・・・・・・・・・・・8
- 微小開口型ファイバープローブ ・・・・・・・6
- 微小散乱体 ・・・・・・・・・・・・・・・・・・・・8, 11
- 微小突起プローブ ・・・・・・・・・・・・・・・・・67
- 微小プローブ条件 ・・・・・・・・・・・・・・・・・50
- ピエゾスキャナー ・・・・・・・・・・・・・・・・・100
- フーリエ光学 ・・・・・・・・・・・・・・・・・・・・・・8
- ファイバプローブ ・・・・・・・・・・・・・・・・・56
- フィードバック回路 ・・・・・・・・・・・・・・・101
- フォトカンチレバー ・・・・・・・・・・・・・・・・81
- フォトダイオード ・・・・・・・・・・・・・・・・・81
- フォトブリーチング ・・・・・・・・・・・・・・・・95
- フォトンSTM ・・・・・・・・・・・・・・・・・・・・114
- フォトン走査トンネル顕微鏡 ・・・・・・・・98
- フォトントンネリング顕微鏡 ・・・・・・・・・8
- フォトントンネル顕微鏡 ・・・・・・・・・・・・・6
- フォトンモード ・・・・・・・・・・・・・・・・・・・・6
- 分解能 ・・・・・・・・・・・・・・・・・・・・・・・・・・・79
- プローブ ・・・・・・・・・・・・・・・・・・・・・・・・・23
- プローブの位置制御技術 ・・・・・・・・・・・97
- プロパゲーター ・・・・・・・・・・・・・・・・・・・41
- 平面波基底 ・・・・・・・・・・・・・・・・・・・・・・・43
- 偏光 ・・・・・・・・・・・・・・・・・・・・・・・・・・・・・41
- ベクトル波動関数 ・・・・・・・・・・・・・・・・・30
- ベクトル場 ・・・・・・・・・・・・・・・・・・・・・・・41
- ベントタイプ光ファイバープローブ ・・・75
- ペンシル形プローブ ・・・・・・・・・・・・・・・35
- 放電加工 ・・・・・・・・・・・・・・・・・・・・・・・・・88
- 防振技術 ・・・・・・・・・・・・・・・・・・・・・・・・102
- ポリジアセチレン ・・・・・・・・・・・・・・・・・94
- ポリスチレンラテックス球 ・・・・・・・・・・68

【マ行】

- マイクロマシーニング ・・・・・・・・・・・・・81
- マイクロ波 ・・・・・・・・・・・・・・・・・・・・・・114
- 無電極メッキ法 ・・・・・・・・・・・・・・・・・・・60
- モアレ法 ・・・・・・・・・・・・・・・・・・・・・・・・・・6

【ヤ行】

- 誘電体プローブ ・・・・・・・・・・・・・・12, 114
- 横分解能 ・・・・・・・・・・・・・・・・・・・・・・・・・69

【ラ行】

- ラプラシンフィルタ ・・・・・・・・・・・・・・・111
- 励起子 ・・・・・・・・・・・・・・・・・・・・・・・・・・・93
- レーザー・トラップされた微小誘電体球プローブ 61
- レーザートラッピング ・・・・・・・・・・・・・・6
- レーリー粒子 ・・・・・・・・・・・・・・・・・・・・・12
- レベルスライス ・・・・・・・・・・・・・・・・・・110
- ローカルモード ・・・・・・・・・・・・・・・・・・・・7
- ロックイン検出 ・・・・・・・・・・・・・・・・・・・62

近接場ナノフォトニクス入門

定価（本体 5,000円＋税）

| 平成 12年 4月 25日 | 第 1 版 | 第 1 刷 | 発行 |
| 平成 18年 3月 15日 | 第 1 版 | 第 2 刷 | 発行 |

編者　大津元一，河田 聡
発行　株式会社オプトロニクス社

〒162-0814
東京都新宿区新小川町5-5 SANKENビル4F
TEL.03-3269-3550
FAX.03-5229-7253
E-mail: booksale@optronics.co.jp（販売）
　　　　editor@optronics.co.jp（編集）
URL http://www.optronics.co.jp/

※万一、落丁、乱丁の際にはお取り替えいたします
ISBN4-900474-83-5 C3055 ¥5000E